ÍNDICE

Bloquear mensagens

Silenciar notificações

Notificações de bate-papo personalizadas

Conversa em grupo

Como faço para criar um grupo no WhatsApp?

Alterar administrador do grupo

Marcando um contato em um bate-papo em grupo

Adicione ou exclua contatos em um grupo do WhatsApp.

Silenciar notificações de grupo

Chamada WhatsApp

O que é a chamada do WhatsApp?

Como as chamadas do WhatsApp são diferentes das chamadas telefônicas padrão?

Fazendo uma chamada no WhatsApp

Receber uma chamada de áudio ou uma chamada de vídeo

Voltando para Mensagens

Alternar entre uma chamada de áudio e uma chamada de vídeo

Chamada em grupo

Modo de baixo nível de dados:

Registro de chamadas perdidas

Quantos dados são usados quando faço uma chamada do WhatsApp?

Alterar toque

Toques de bate-papo personalizados

Atualização de status do WhatsApp

Como faço para definir meu status do WhatsApp?

Opções de privacidade

Silenciar atualizações de status

Como faço para ver quem viu meu status do WhatsApp?

Whatsapp Web

Envie fotos, vídeos, documentos e contatos:

Use emojis, GIFs e Stickers:

Responder, encaminhar, estrelar e excluir mensagens:

Pesquisar por mensagens:

Atualizações de status:

Alterar configurações de notificação:

Contatos bloqueados:

PROCESSO DE INSTALAÇÃO

COMO OBTER O WHATSAPP NO MEU TELEFONE?

O WhatsApp não vem pré-instalado no seu telefone, então a primeira coisa que você precisa fazer é instalá-lo. Para isso, você precisa encontrar a App Store (para iPhones) ou a Play Store (para smartphones Android). São um mercado de aplicativos que ajudam a deixar seu smartphone melhor. Imagine um shopping ou supermercado onde você pode comprar de tudo, de comida a eletrônicos. O shopping neste caso é a App Store ou Play Store e os produtos que você compra são os aplicativos.

Iphone:
No seu iPhone, encontre o ícone da App Store no seu telefone. Você não precisa se preocupar em instalar a App Store, pois ela está pré-instalada em seu telefone. Depois de encontrar o ícone, clique no ícone para abri-lo. Na App Store, clique no botão Pesquisar na parte inferior da tela com o logotipo da lupa. Digite WhatsApp e selecione WhatsApp Messenger na lista abaixo. Clique no botão de download (uma nuvem com uma seta apontando para baixo). Você pode ser solicitado a fazer login no seu ID da Apple e pronto, o WhatsApp foi baixado e instalado no seu iPhone!! Parabéns!

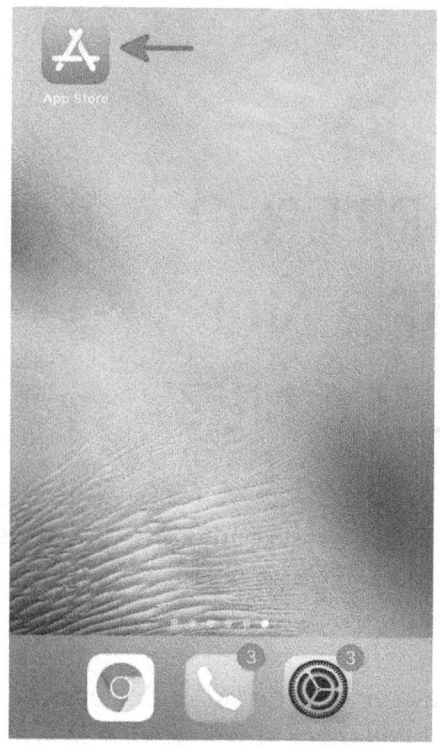

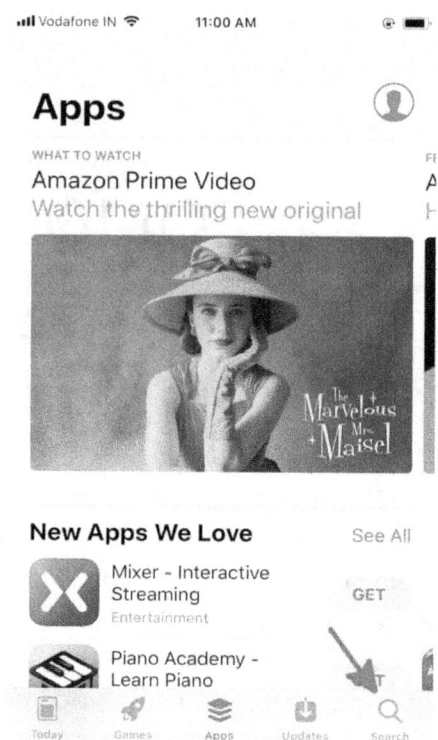

Vodafone IN
11:00 AM
Whatsapp
Cancel
whatsapp
whatsapp stickers
whatsapp messenger
whatsapp for iphone
whatsapp status video app
whatsapp scan
whatsapp web
whatsapp business
whatsapp status download
space
Search
WhatsApp Messenger
Simple. Reliable. Secure.
BEST OF 2018
Top apps charts of 2018
Search
WhatsApp
WhatsApp Messenger
Simple. Reliable. Secure.
4.6
No1
12+
What's New
Version History
Version 2.18.111
1w ago
• It's now easier to start group voice and video calls. Just tap the call button in groups or select "New group call" when starting a new call more
Preview
Search

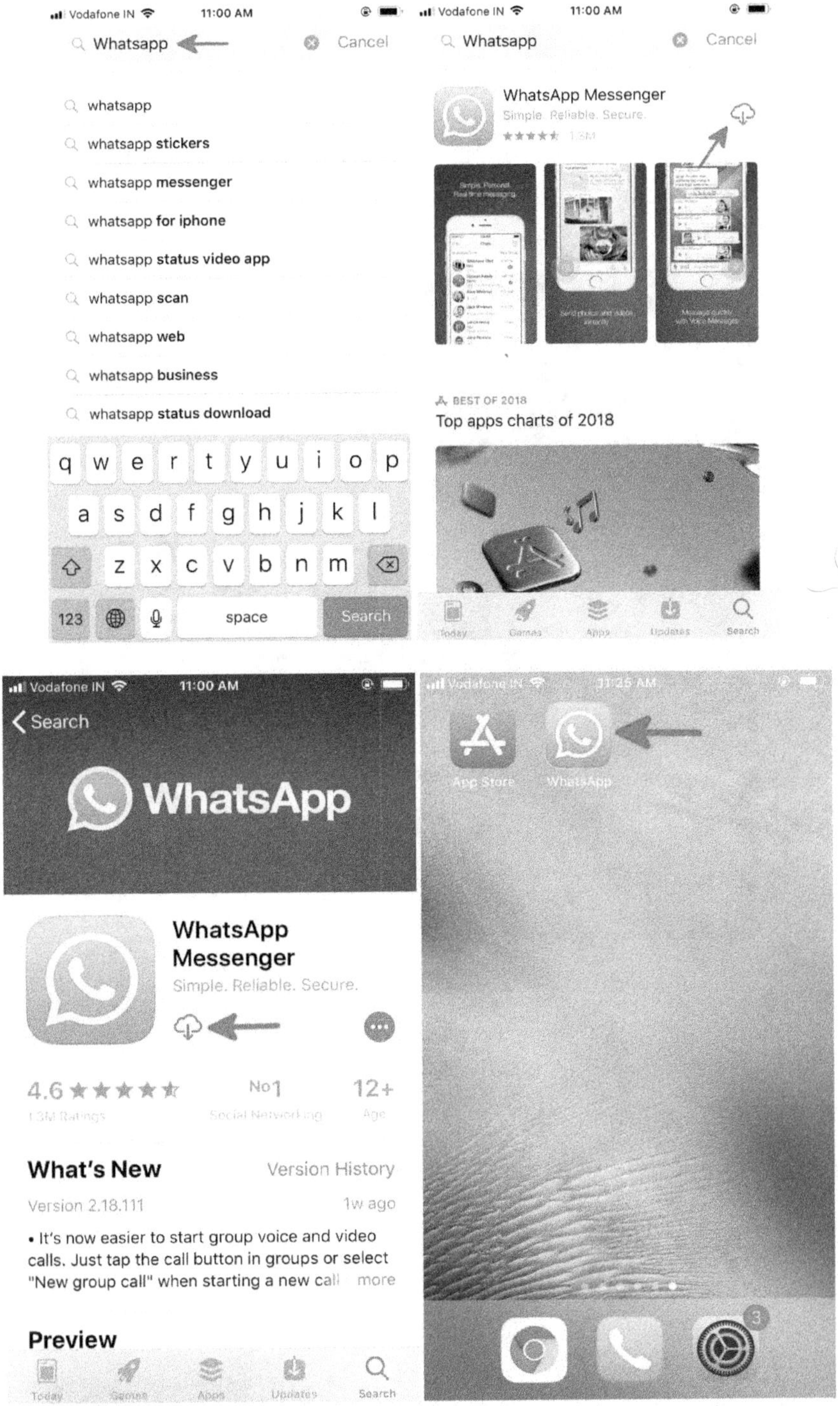

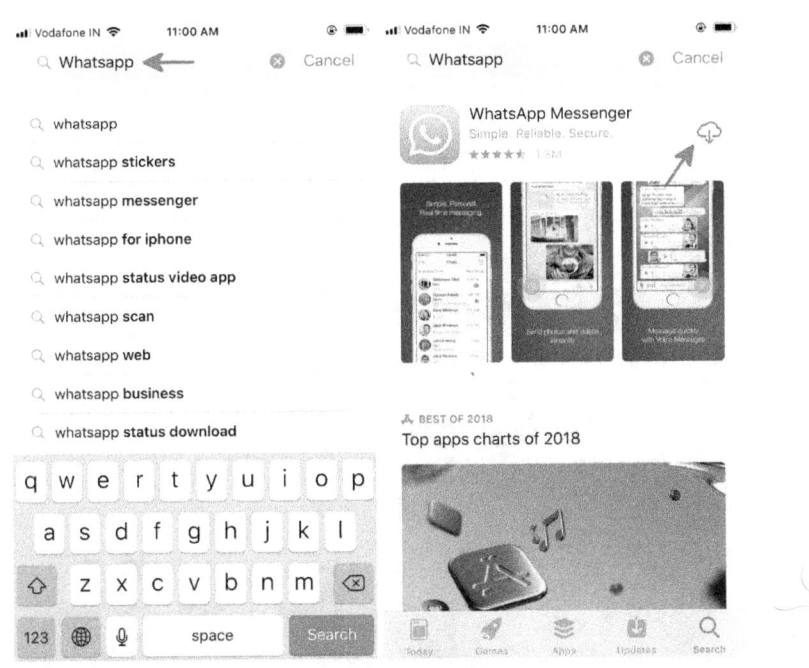

Android:

Em seu smartphone Android, encontre o aplicativo Play Store pré-instalado em seu telefone. No aplicativo Play Store, clique na caixa Google Play na parte superior da tela para procurar um aplicativo.

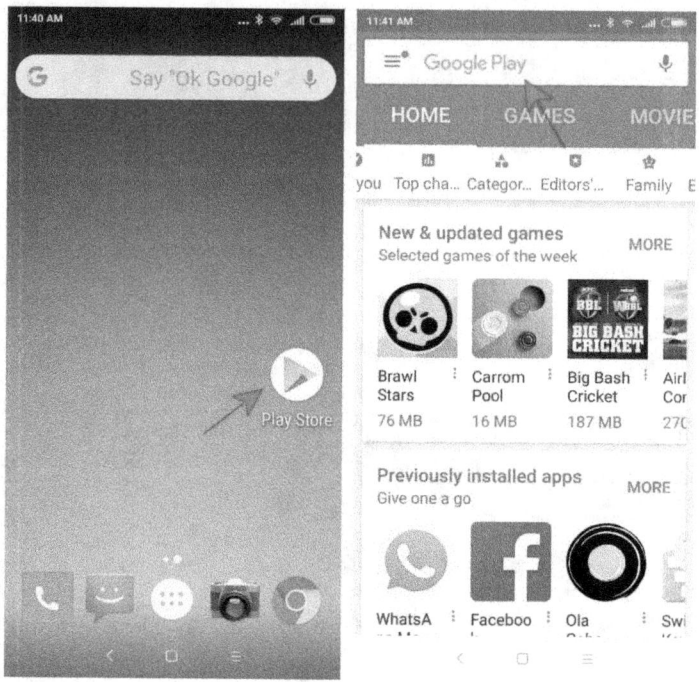

Digite WhatsApp na caixa e selecione WhatsApp Messenger como mostrado abaixo. Clique no botão de instalação e no botão aceitar a seguir e pronto, o WhatsApp foi baixado e instalado no seu telefone Android!! Parabéns!

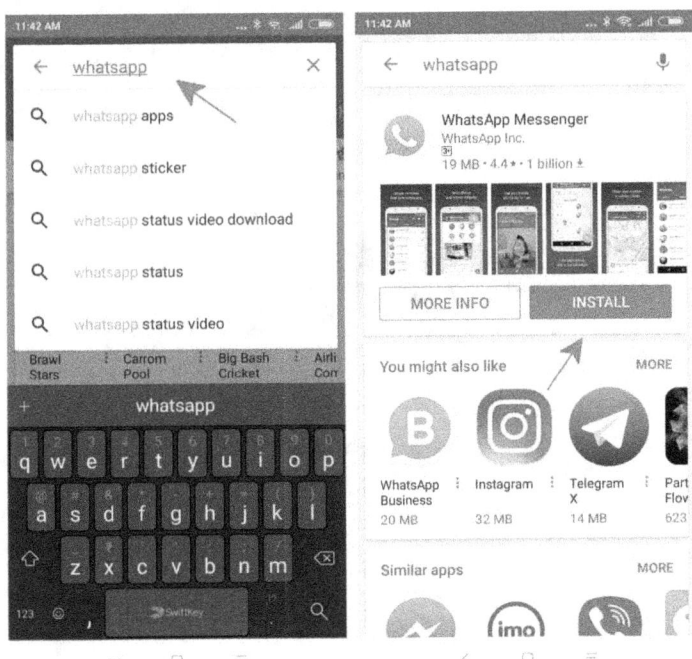

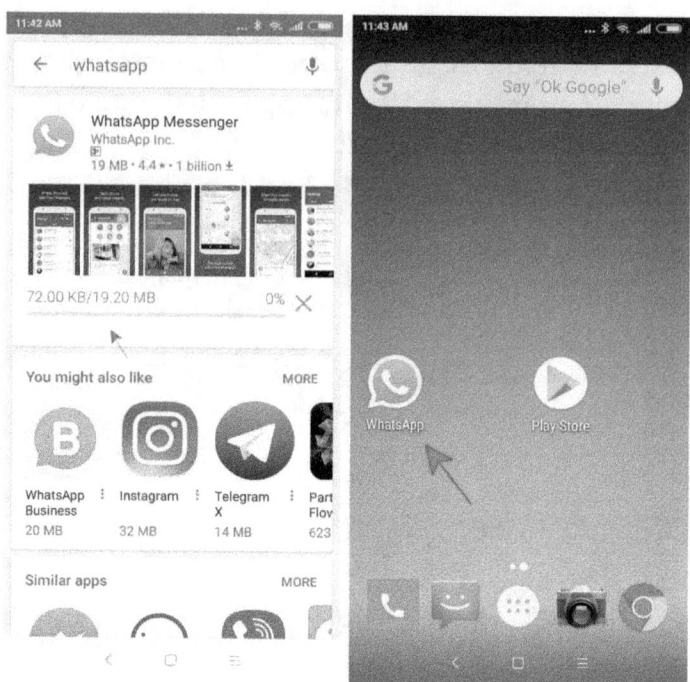

Ufa! Agora que instalei o WhatsApp no meu telefone, posso começar a enviar mensagens e ligar para meus amigos agora?

Segure seus cavalos, meu amigo! Estamos a poucos minutos de entrar no mundo do WhatsApp. Tudo o que precisamos fazer agora é configurar o WhatsApp e estamos prontos. Então vamos fazer isso!

CONFIGURANDO
O WHATSAPP

Iphone:

Encontre o aplicativo WhatsApp no seu iPhone da mesma forma que encontrou o aplicativo da App Store e clique nele para iniciar o processo de configuração.

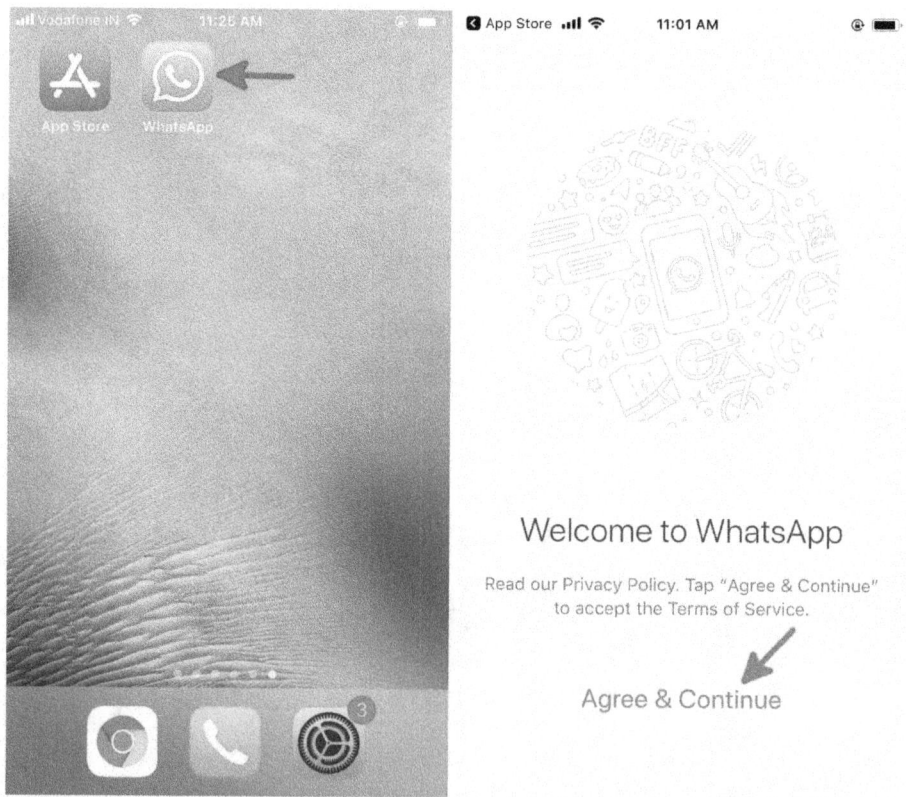

O primeiro passo da configuração é inserir seu número de telefone. Selecione seu país e digite o número de telefone na caixa. O WhatsApp pedirá permissão para enviar uma mensagem de texto para verificar o número do celular que você digitou. Pressione aceitar e insira o código de verificação que você recebe por mensagem de texto no WhatsApp. Se você não receber o código, há um botão na página de verificação para reenviar o código. Depois de inserir o código, pressione o botão Verificar.

Parabéns, você verificou com sucesso seu número de telefone e impediu que hackers sujos entrassem em suas preciosas mensagens!

*Etapa adicional para pessoas que reinstalam o WhatsApp ou instalam de outro telefone
Você pode restaurar suas mensagens, fotos e vídeos do último backup feito pelo WhatsApp. Selecione o botão restaurar. Esta opção será mostrada apenas se você tiver um backup do WhatsApp feito anteriormente e armazenado em sua conta.

Agora vem a última etapa da configuração. Você deve selecionar uma imagem de exibição e um nome de exibição. Esta é a imagem que seus amigos e familiares verão quando conversarem com você. O nome de exibição é usado para identificá-lo se a pessoa que está conversando com você não tiver seu número de telefone salvo em seu telefone.

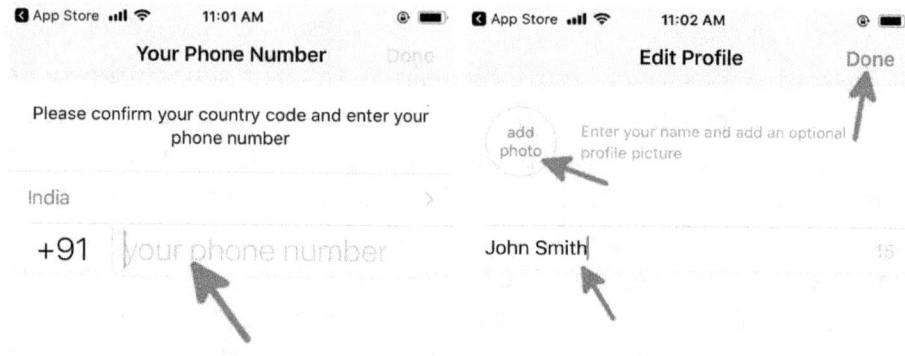

Android:

Encontre o aplicativo WhatsApp no seu iPhone da mesma forma que encontrou o aplicativo da App Store e clique nele para iniciar o processo de configuração.

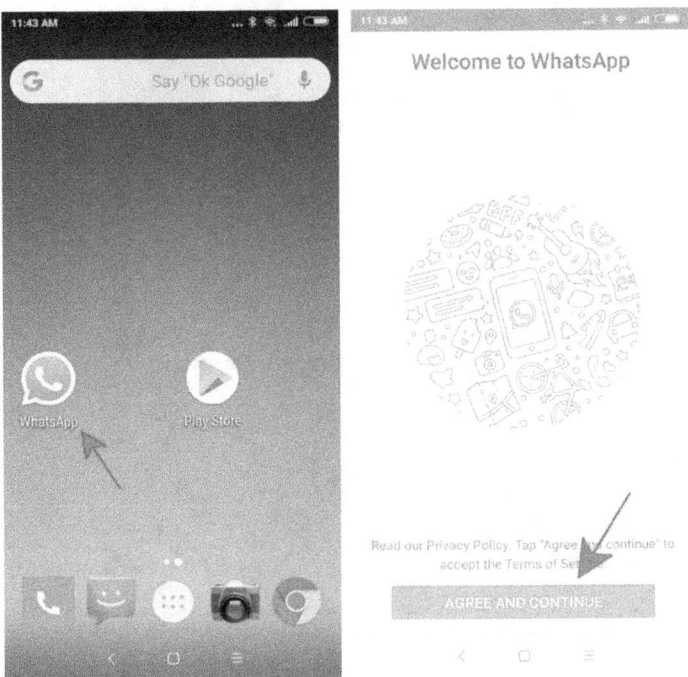

O WhatsApp primeiro pedirá permissão para acessar seus contatos, vídeos e fotos, o que o ajudará a adicionar contatos e enviar fotos e vídeos facilmente.

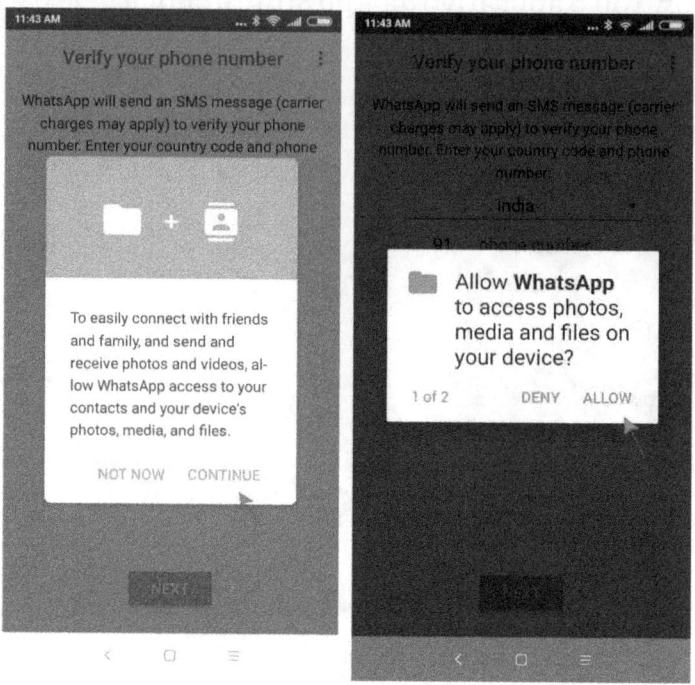

O primeiro passo da configuração é inserir seu número de telefone. Selecione seu país e digite o número de telefone na caixa. O WhatsApp pedirá permissão para enviar uma mensagem de texto para verificar o número do celular que você digitou. Pressione aceitar e insira o código de verificação que você recebe por mensagem de texto no WhatsApp. Se você não receber o código, há um botão na página de verificação para reenviar o código. Depois de inserir o código, pressione o botão Verificar.

Você pode restaurar suas mensagens, fotos e vídeos do último backup feito pelo WhatsApp. Selecione o botão restaurar. Esta opção será mostrada apenas se você tiver um backup do

WhatsApp feito anteriormente e armazenado em sua conta.

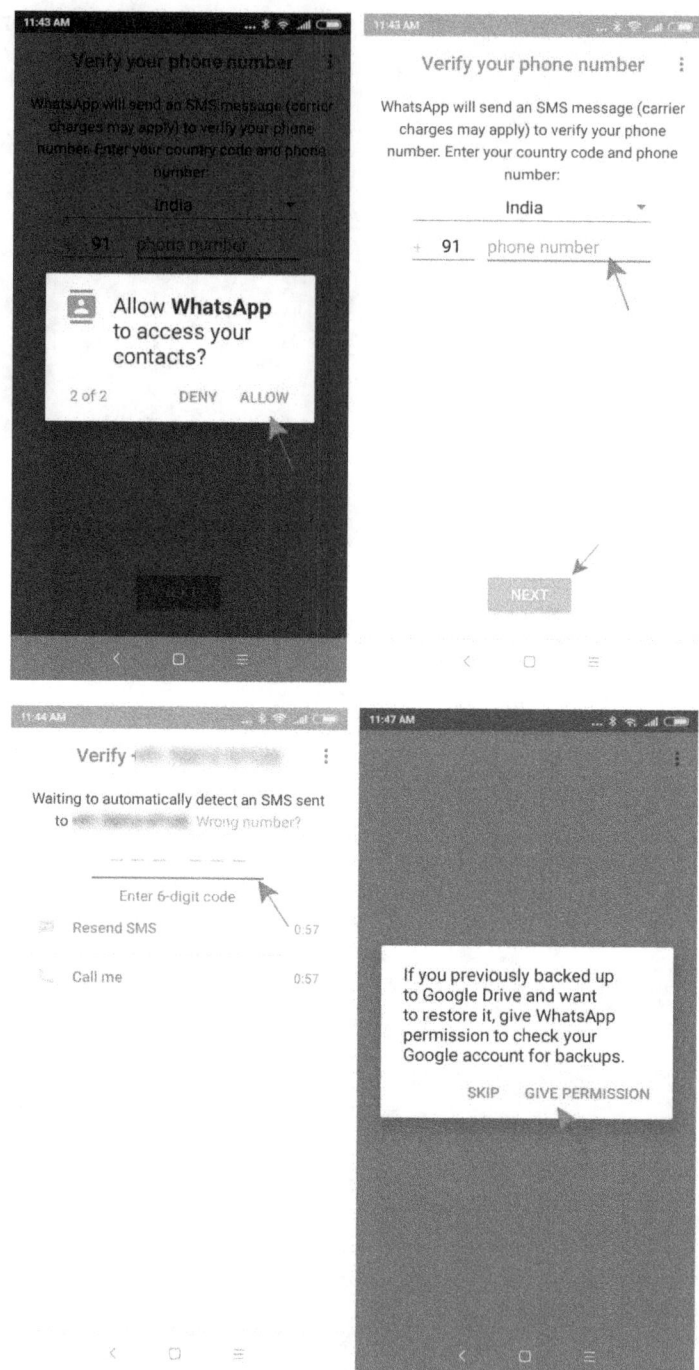

Parabéns, você verificou com sucesso seu número de telefone

e impediu que hackers sujos entrassem em suas preciosas mensagens!

Agora vem a última etapa da configuração. Você deve selecionar uma imagem de exibição e um nome de exibição. Esta é a imagem que seus amigos e familiares verão quando conversarem com você. O nome de exibição é usado para identificá-lo se a pessoa que está conversando com você não tiver seu número de telefone salvo em seu telefone.

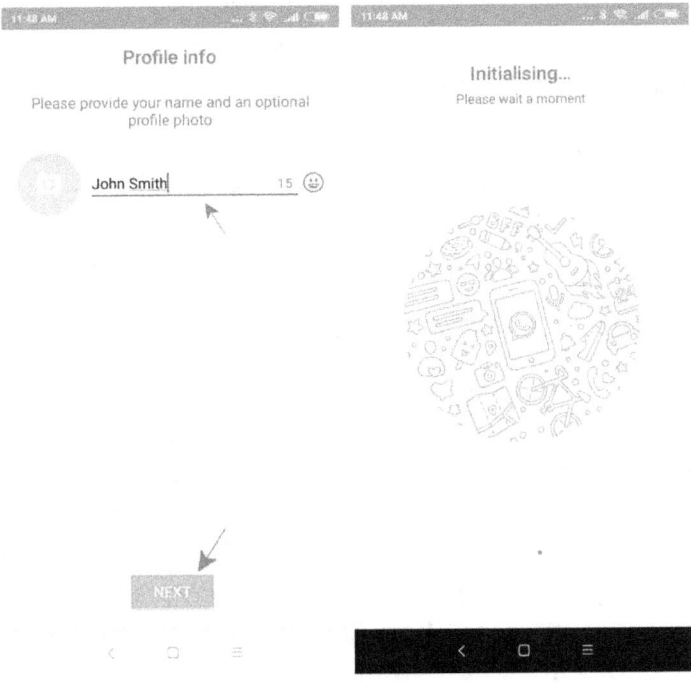

Eba! Muito bem, você instalou e configurou o WhatsApp com sucesso!

ADICIONANDO CONTATOS

Como adiciono os números de celular de meus amigos e familiares ao WhatsApp?

É muito simples. Se você tiver os números de seus amigos e familiares salvos em seus contatos do telefone, eles aparecerão automaticamente no WhatsApp. Se você não vir o nome deles, não se preocupe, adicionaremos contatos a seguir.

Iphone:

Todos os contatos do seu iPhone são adicionados automaticamente ao WhatsApp. Para adicionar um novo contato ao WhatsApp, você precisa clicar no botão "Novo contato" no WhatsApp, conforme mostrado abaixo. Isso o levará ao aplicativo de contato do seu iPhone, onde você poderá salvar as informações de contato. Feito isso, você verá seu novo contato na lista de contatos do WhatsApp. Você pode então selecionar o contato e começar a enviar mensagens com ele.

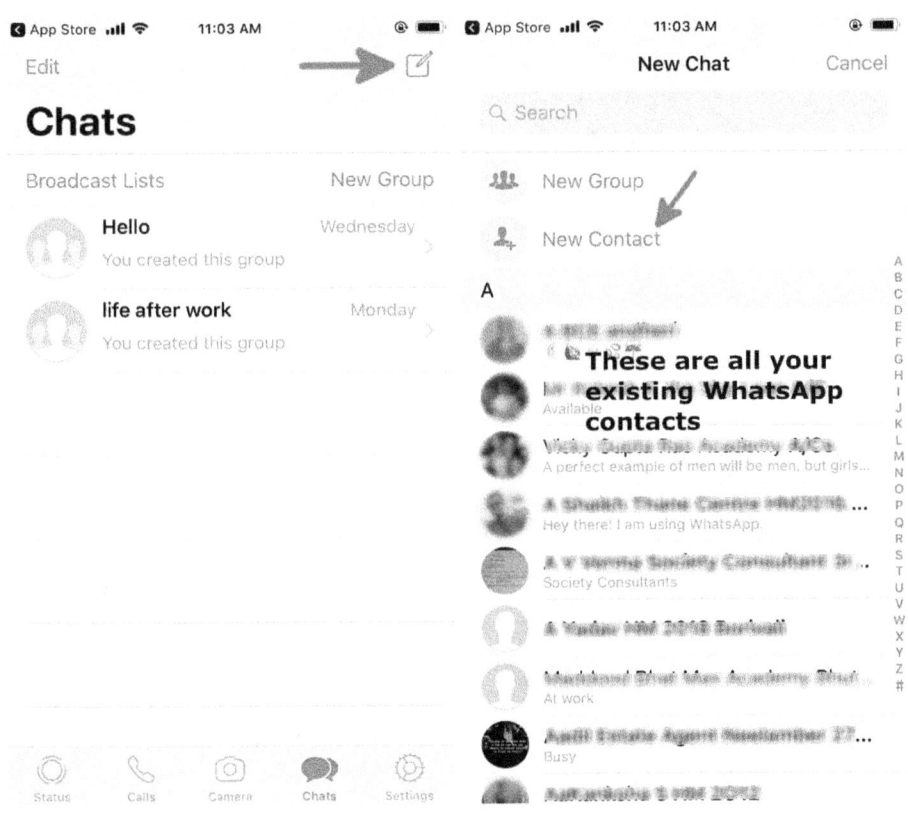

These are all your existing WhatsApp contacts

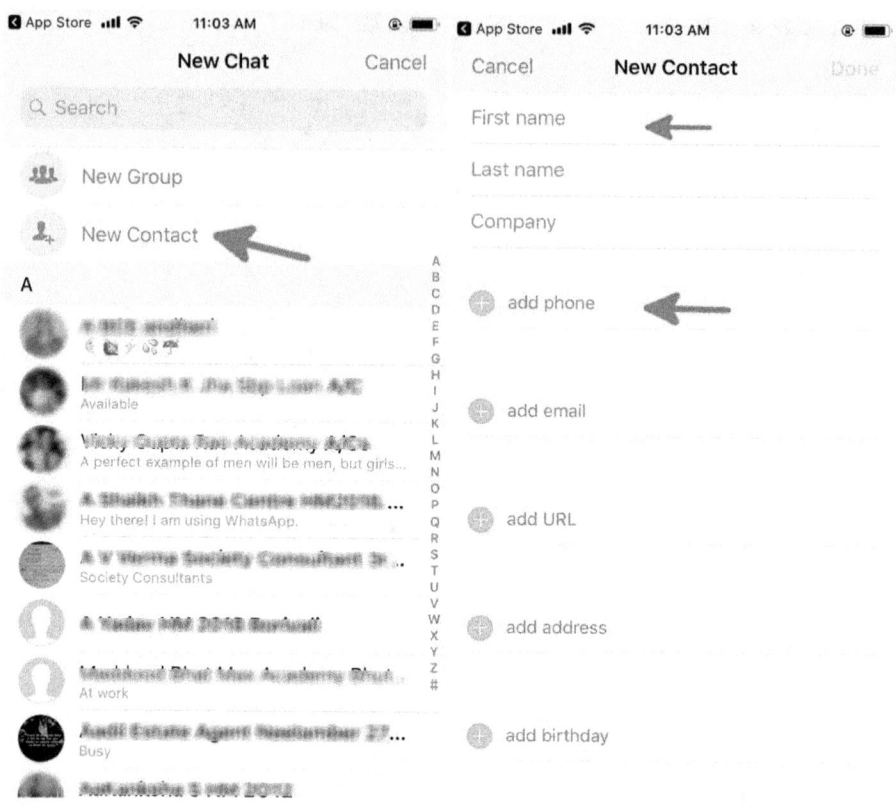

Android:

Todos os contatos do seu smartphone Android são adicionados automaticamente ao WhatsApp. Para adicionar um novo contato ao WhatsApp, você precisa clicar no botão "Novo contato" no WhatsApp, conforme mostrado abaixo. Isso o levará ao aplicativo de contato do seu smartphone, onde você poderá salvar as informações de contato. Feito isso, você verá seu novo contato na lista de contatos do WhatsApp. Você pode então selecionar o contato e começar a enviar mensagens com ele.

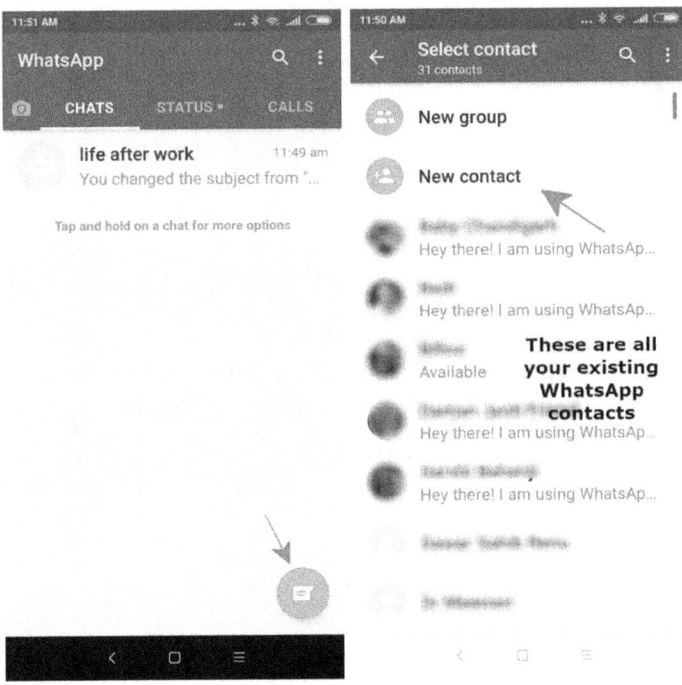

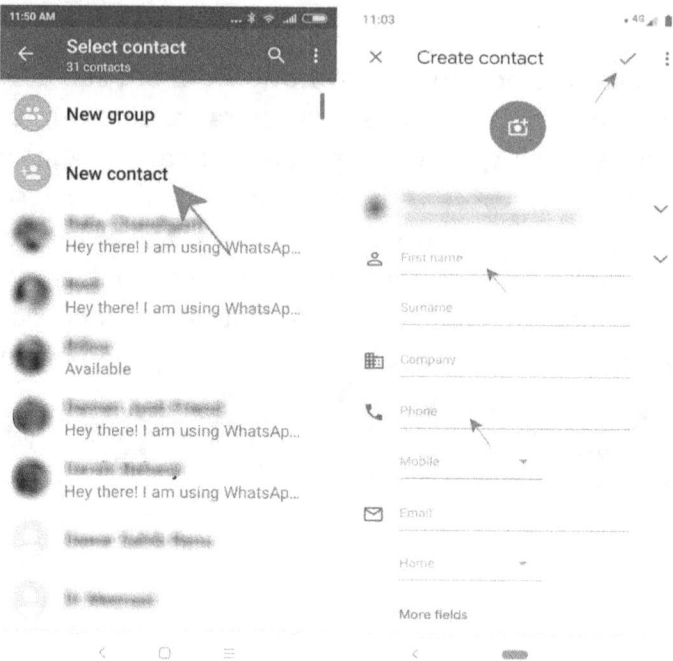

Muito bem, você acabou de adicionar o contato do seu amigo ao WhatsApp. Agora você pode começar a enviar mensagens para todos os seus amigos e familiares!

MENSAGENS WHATSAPP

COMO FAÇO PARA ENVIAR UMA MENSAGEM NO WHATSAPP?

Enviar uma mensagem do WhatsApp é fácil de fazer. No seu telefone iPhone ou Android, clique no logotipo do WhatsApp para entrar no aplicativo. Aqui, clique no contato para o qual deseja enviar uma mensagem e clique na caixa branca para abrir o teclado. Aqui você pode digitar sua mensagem e pressionar a seta verde para enviar a mensagem ao seu amigo.

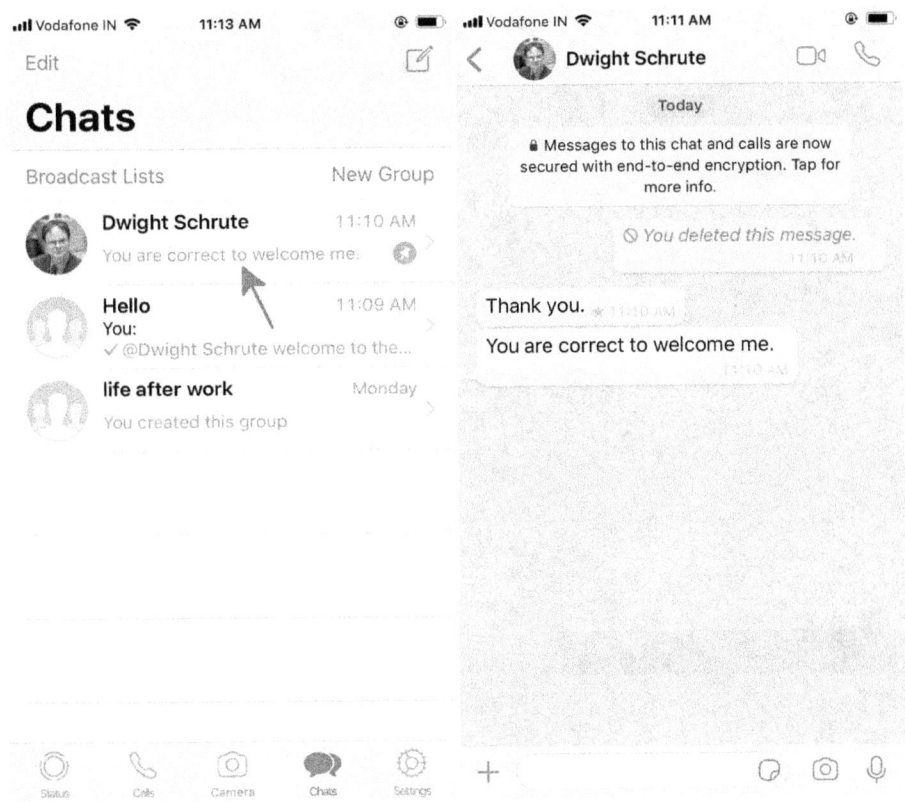

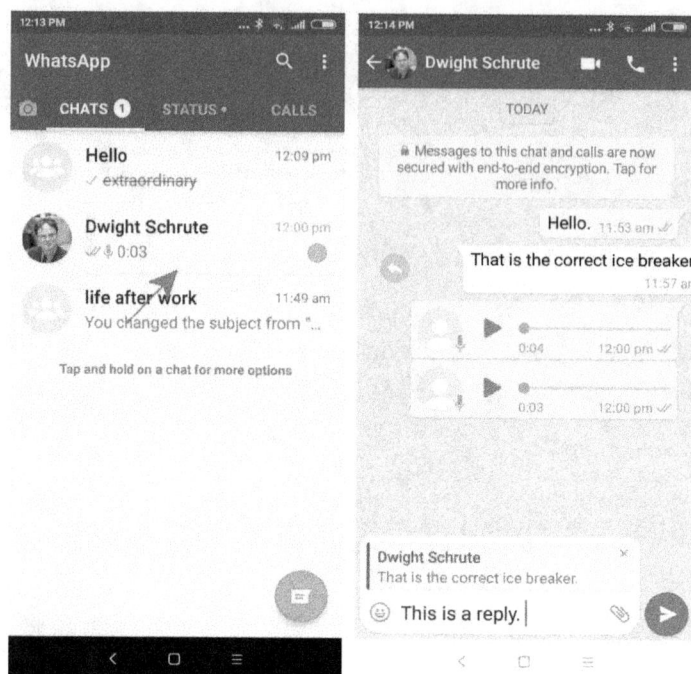

RECIBOS DE LEITURA

Como faço para ver se meu amigo leu minha mensagem ou não?

Quando você envia uma mensagem, sua mensagem mostrará uma pequena marca ao lado dela e, após alguns segundos, uma segunda marca aparecerá. O primeiro tique indica que sua mensagem foi enviada de seu telefone. A segunda marca indica que seu contato recebeu sua mensagem. Quando seu amigo lê a mensagem, os carrapatos ficam azuis.

No seu iPhone, você pode saber a hora em que você enviou a mensagem, a hora em que seu amigo recebeu a mensagem e a hora em que seu amigo recebeu a mensagem pressionando e segurando a mensagem para a qual você precisa dessas informações. No menu que aparece, clique no botão com a letra i dentro de um círculo. Isso o levará à página de informações da mensagem, onde você poderá ver quando sua mensagem foi enviada, quando a mensagem foi recebida e quando seu amigo leu sua mensagem.

No seu telefone Android, pressione e segure a mensagem para a qual deseja informações. Depois de destacar a mensagem, uma linha verde aparece na parte superior da tela junto com um menu de 3 botões no canto superior direito da tela. Clique no menu de 3 botões no canto superior direito da tela e clique em "informações". você para a tela onde você pode ver a hora que a mensagem foi enviada, a hora que a mensagem foi recebida e a hora que a mensagem foi lida.

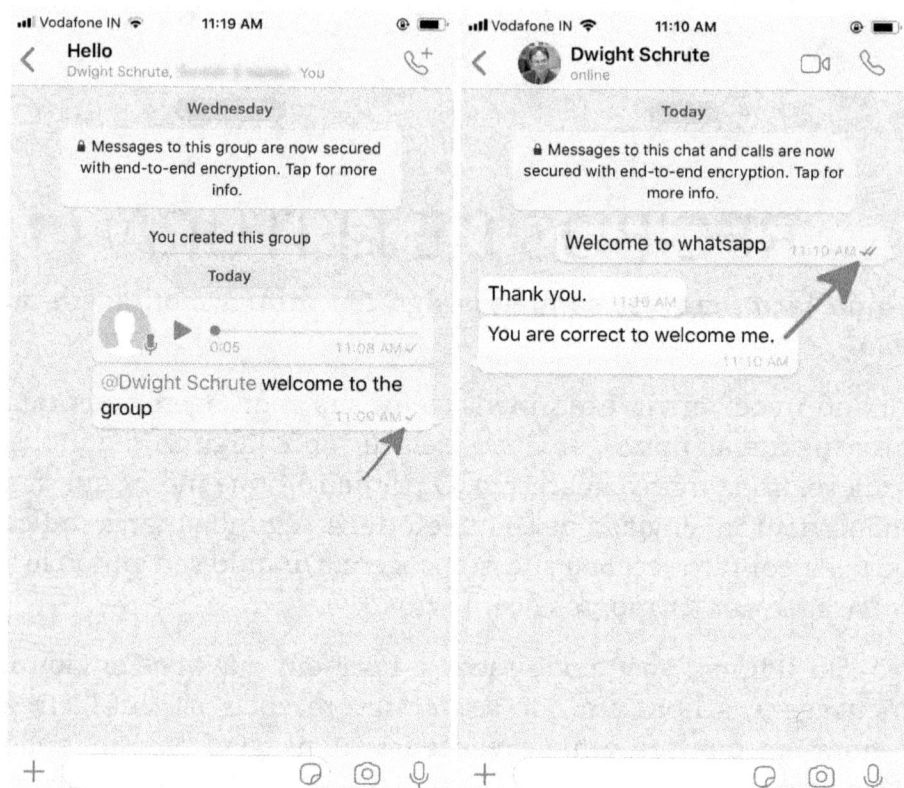

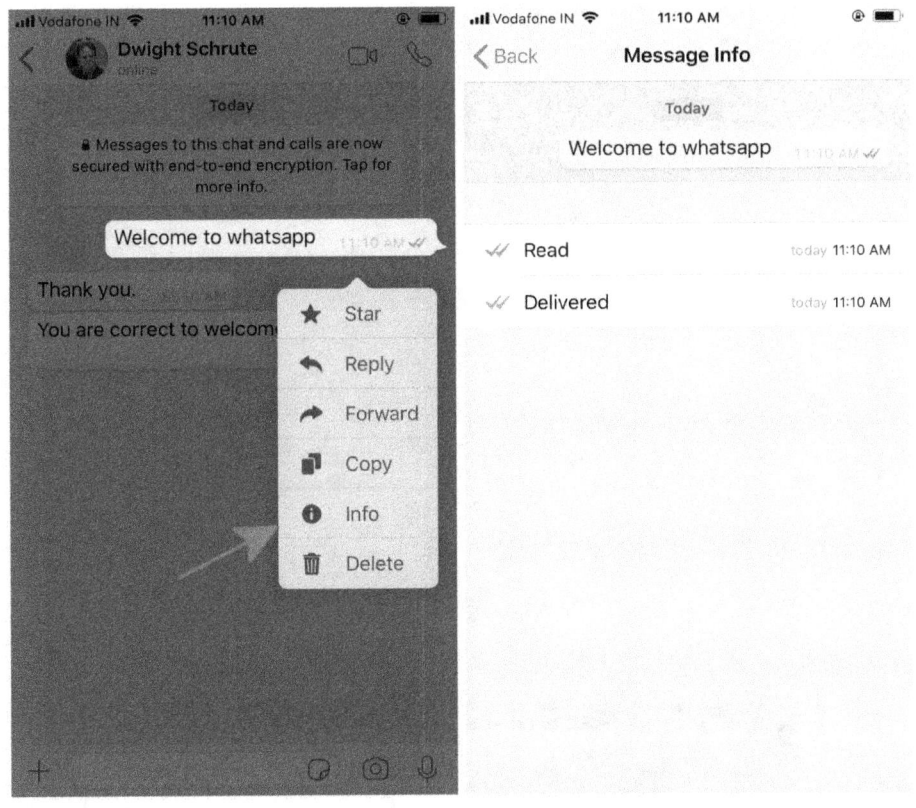

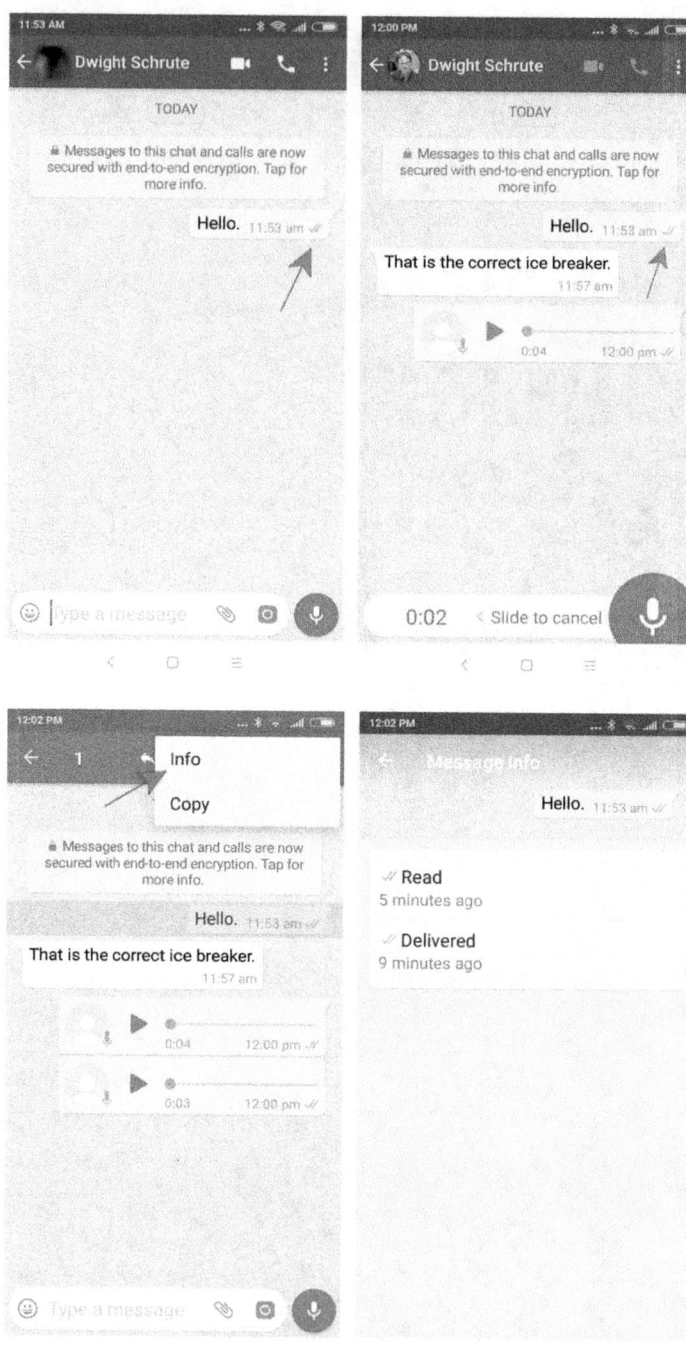

Agora seu amigo não pode lhe dar uma desculpa para não ver sua mensagem quando você pediu para ele chegar na hora e trazer lanches para sua festa em casa!!

OCULTANDO RECIBOS DE LEITURA

Não quero revelar se li ou não uma mensagem do WhatsApp. Como faço isso?

Você pode alterar as configurações do tique azul do WhatsApp para que a pessoa que está enviando a mensagem não veja se você leu a mensagem que ela lhe enviou. Infelizmente, quando você faz isso, também não pode ver se alguém leu as mensagens que você enviou.

Para desativar os recibos de leitura no seu iPhone, clique no botão de configurações na parte inferior da tela e depois no botão "Conta". Aqui, clique no botão "Privacidade" e role para baixo até "Recibos de leitura". Desmarque a caixa para desativá-la.

ıll Vodafone IN 🤙   11:18 AM   🔋 ■

< Settings   **Account**

Privacy   >

Security   >

Two-Step Verification   >

Change Number   >

Request Account Info   >

Delete My Account   >

Status   Calls   Camera   Chats   Settings

ıll Vodafone IN 🤙   11:18 AM   🔋 ■

< Account   **Privacy**

Last Seen   Everyone >

Profile Photo   Everyone >

About   Everyone >

Status   My Contacts >

Live Location   None >

List of chats where you are sharing your live location.

Blocked   None >

List of contacts you have blocked.

Read Receipts   ⬤

If you turn off read receipts, you won't be able to see read receipts from other people. Read receipts are always sent for group chats.

Status   Calls   Camera   Chats   Settings

Para desativar os recibos de leitura em seu smartphone Android, clique no botão de configurações na parte inferior da tela e depois no botão "Conta". Aqui, clique no botão "Privacidade" e role para baixo até "Recibos de leitura". Desmarque a caixa para desativá-la.

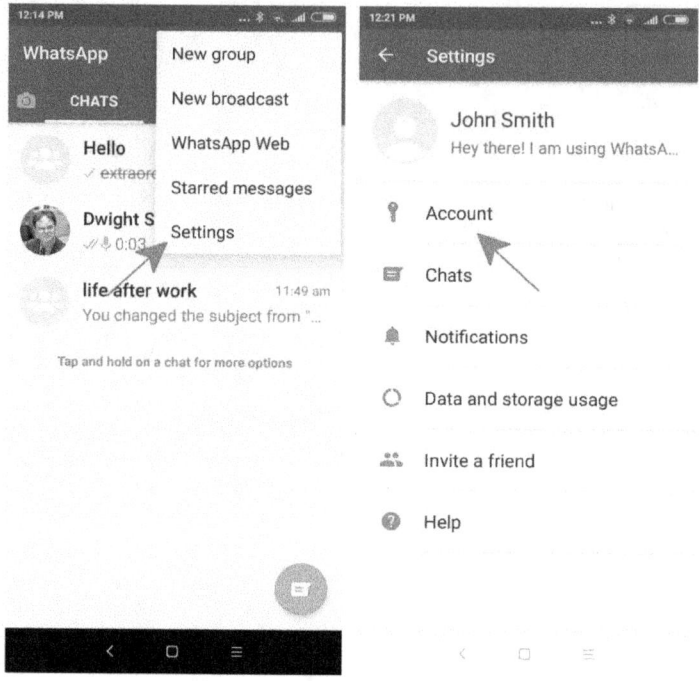

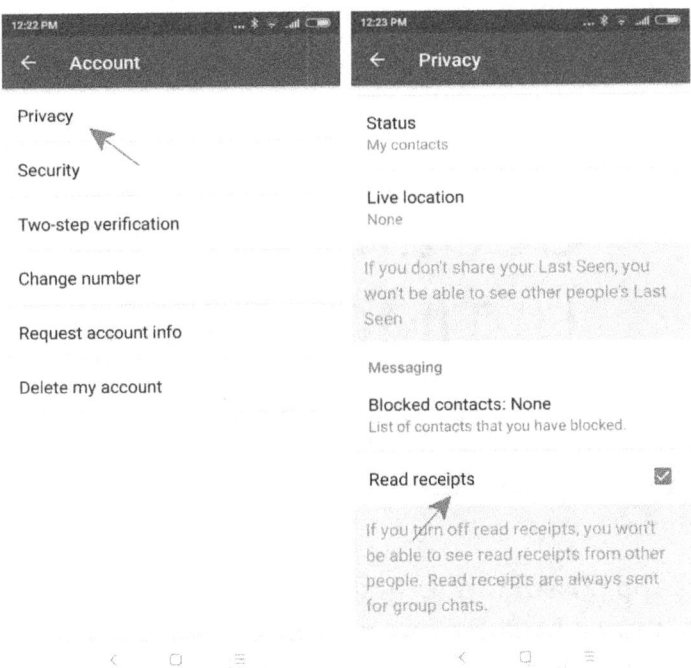

OCULTANDO O ÚLTIMO VISTO ONLINE

Existe alguma maneira de proteger ainda mais minha privacidade?

O WhatsApp possui um recurso chamado Visto pela última vez, que transmite a hora em que você esteve online pela última vez no WhatsApp. Para proteger ainda mais sua privacidade, você pode desativar isso nas configurações de privacidade, conforme descrito acima. Mais uma vez, como as confirmações de leitura, uma vez que você desativa o recurso Visto pela última vez, você também não pode ver a hora da última vista de seus contatos.

Para definir o último visto no seu iPhone, clique no botão de configurações na parte inferior da tela e depois no botão "Conta". Aqui, clique no botão "Privacidade" e role para baixo até Visto pela última vez. Você pode selecionar entre 3 opções:
1. Todos: Aqui todos podem ver a última vez que você esteve online no WhatsApp
2. Contatos: Aqui apenas os contatos salvos no seu celular podem ver quando você esteve online pela última vez no WhatsApp
3. Ninguém: Isso desativa o recurso Visto pela última vez, que garante que ninguém possa ver a hora em que você esteve online pela última vez no WhatsApp

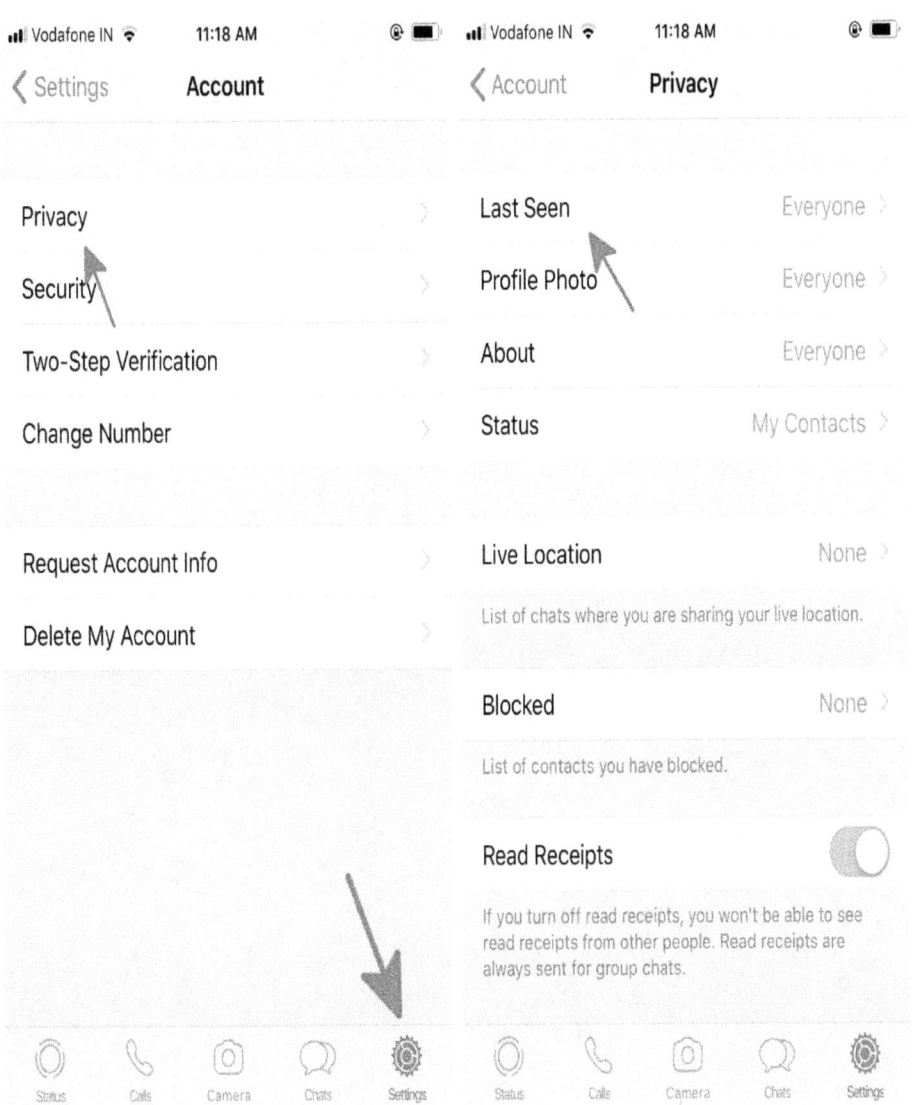

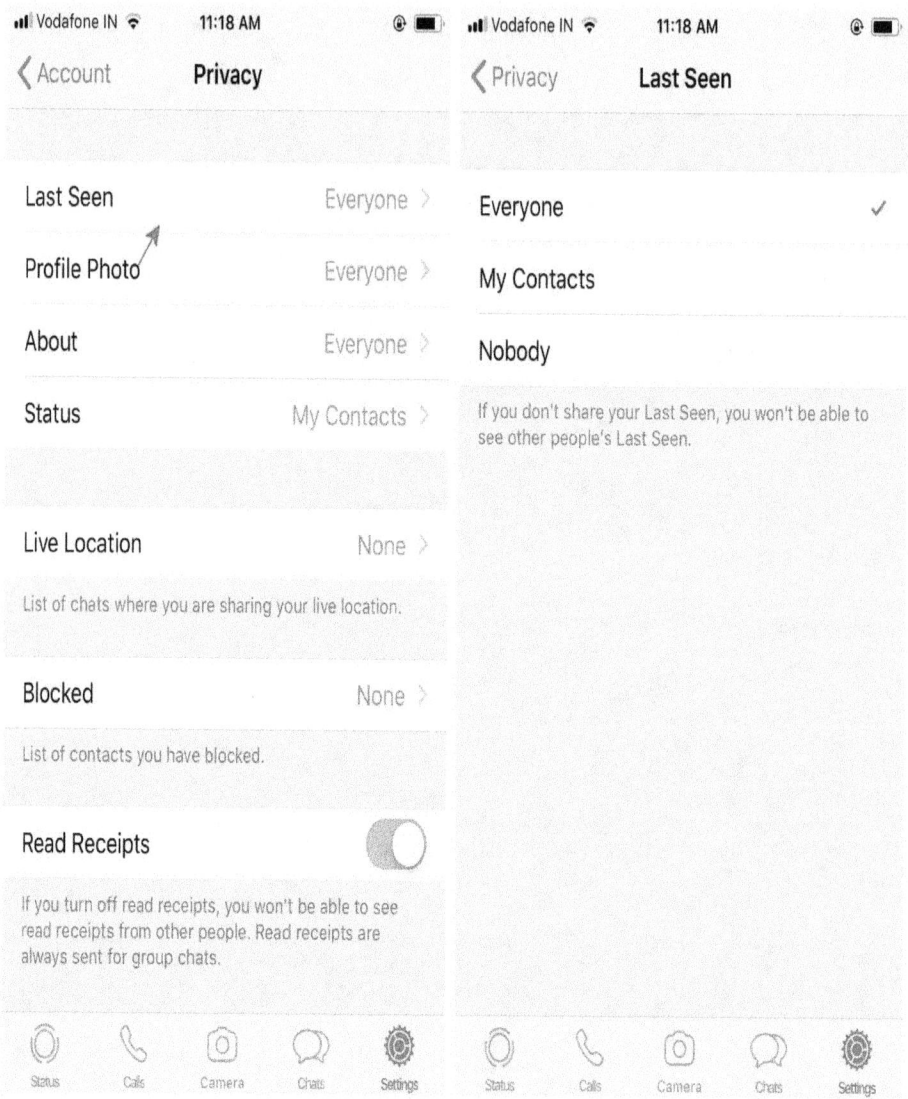

Para definir a última vez em seu smartphone Android, clique no botão de configurações atrás do botão de 3 pontos no canto superior direito da tela e, em seguida, no botão "Conta". Aqui, clique no botão "Privacidade" e role até "Último visto" Você pode selecionar entre 3 opções:

1. Todos: Aqui todos podem ver a última vez que você esteve

online no WhatsApp

2. Contatos: Aqui apenas os contatos salvos no seu celular podem ver quando você esteve online pela última vez no WhatsApp

3. Ninguém: Isso desativa o recurso Visto pela última vez, que garante que ninguém possa ver a hora em que você esteve online pela última vez no WhatsApp

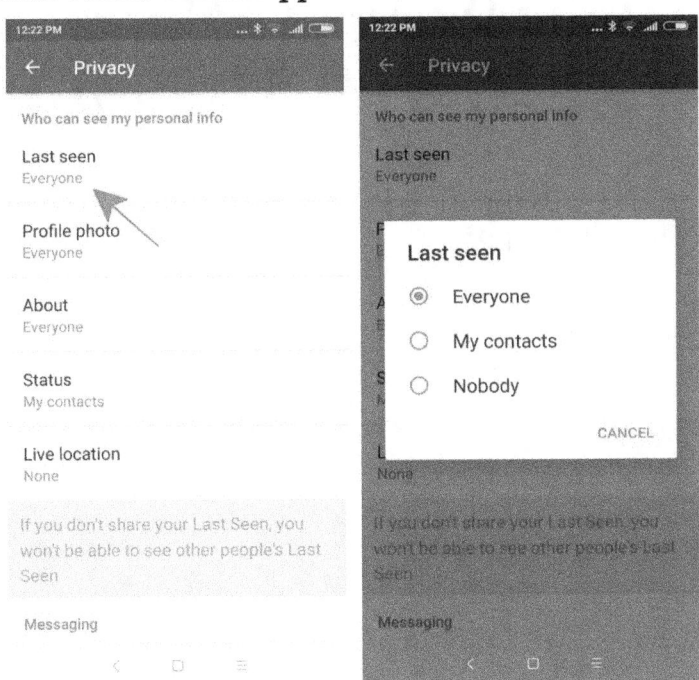

ENVIO DE FOTOS, VÍDEOS E MUITO MAIS

Ok, então posso enviar mensagens de texto gratuitamente pelo WhatsApp. Posso enviar fotos ou vídeos? O que mais posso enviar pelo WhatsApp?

Sim, você pode enviar fotos e vídeos via WhatsApp. Na verdade, você pode enviar todos os itens a seguir por meio de uma mensagem do WhatsApp:

1. Fotos e Vídeos
2. Mensagem de voz
3. Documentos
4. Emojis, GIFs e adesivos
5. Contato
6. Localização

Vamos dar uma olhada em como você pode enviar todos os itens acima

1. FOTOS E VÍDEOS

No seu iPhone, você pode enviar fotos e vídeos de duas maneiras.

Em primeiro lugar, você pode clicar no botão da câmera à direita da caixa de bate-papo. Isso abrirá a câmera. Aqui você pode gravar um vídeo ou foto ou selecionar uma foto ou vídeo da galeria do telefone. A foto ou vídeo selecionado ou filmado será imediatamente enviado ao seu amigo.

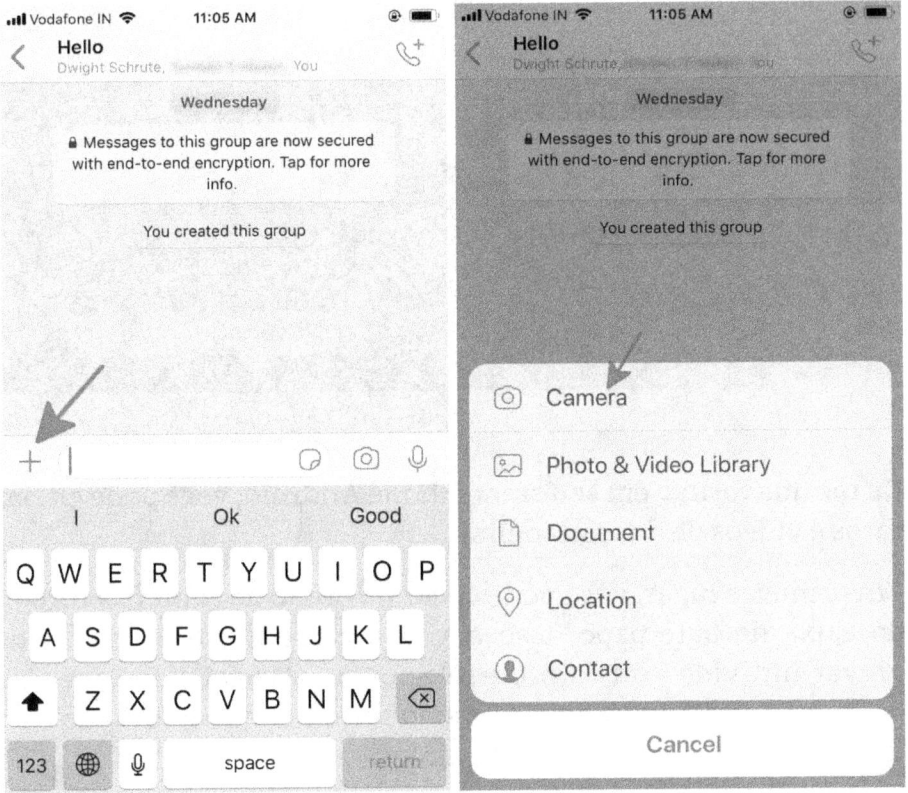

Em segundo lugar, você pode clicar no botão "+" à esquerda da caixa de bate-papo e selecionar "Fotos e vídeos" no menu. Isso permitirá que você selecione uma foto ou vídeo da sua galeria para enviar ao seu amigo.

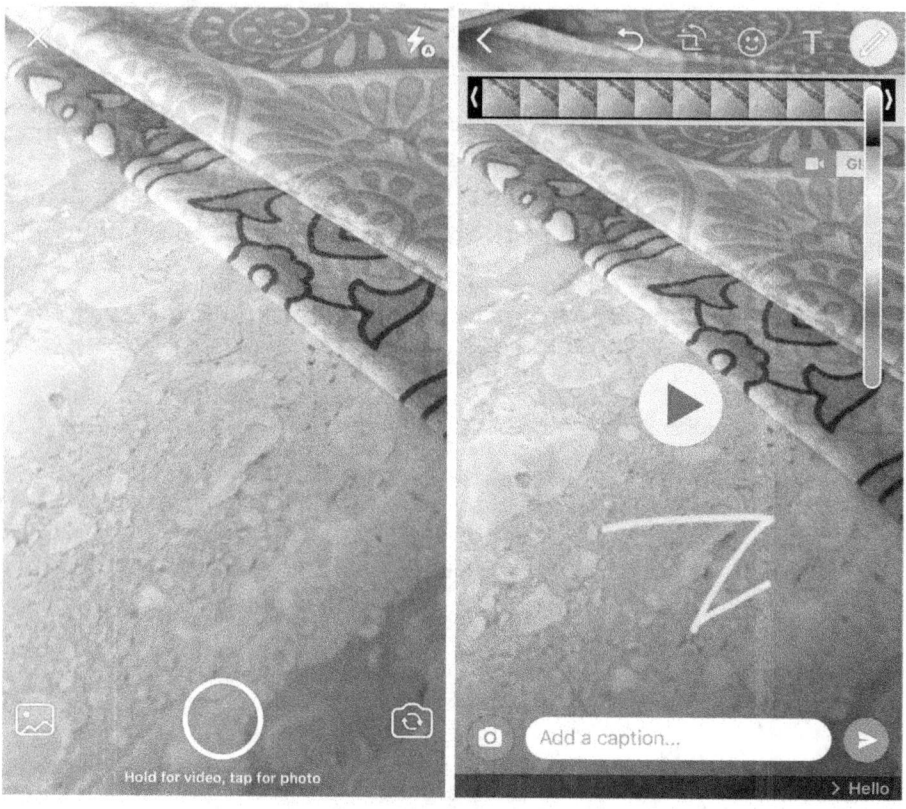

Da mesma forma, em seu smartphone Android, você pode enviar fotos e vídeos de duas maneiras.

Em primeiro lugar, você pode clicar no botão da câmera à direita da caixa de bate-papo. Isso abrirá a câmera. Aqui você pode gravar um vídeo ou foto ou selecionar uma foto ou vídeo da galeria do telefone. A foto ou vídeo selecionado ou filmado será imediatamente enviado ao seu amigo.

Em segundo lugar, você pode clicar no botão de clipe de papel à direita da caixa de bate-papo e selecionar "Galeria" no menu. Isso permitirá que você selecione uma foto ou vídeo da sua galeria para enviar ao seu amigo.

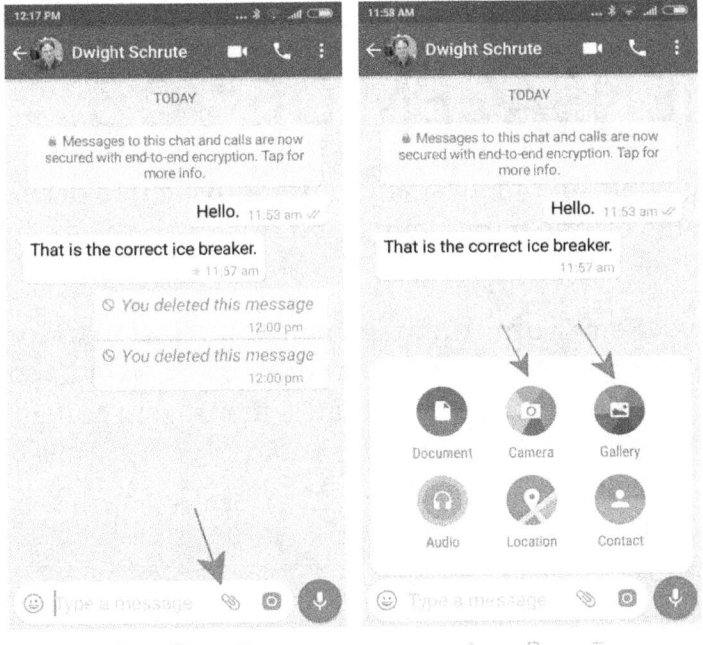

2. MENSAGEM DE VOZ

Se você deseja enviar uma mensagem muito longa e não deseja digitá-la, pode enviar uma mensagem de voz.
Iphone:

No seu iPhone, você envia uma mensagem de voz pressionando e segurando o botão do microfone à direita da caixa de bate-papo. Assim que você pressiona e segura o botão, a mensagem começa a ser gravada e continua até você soltar o botão.

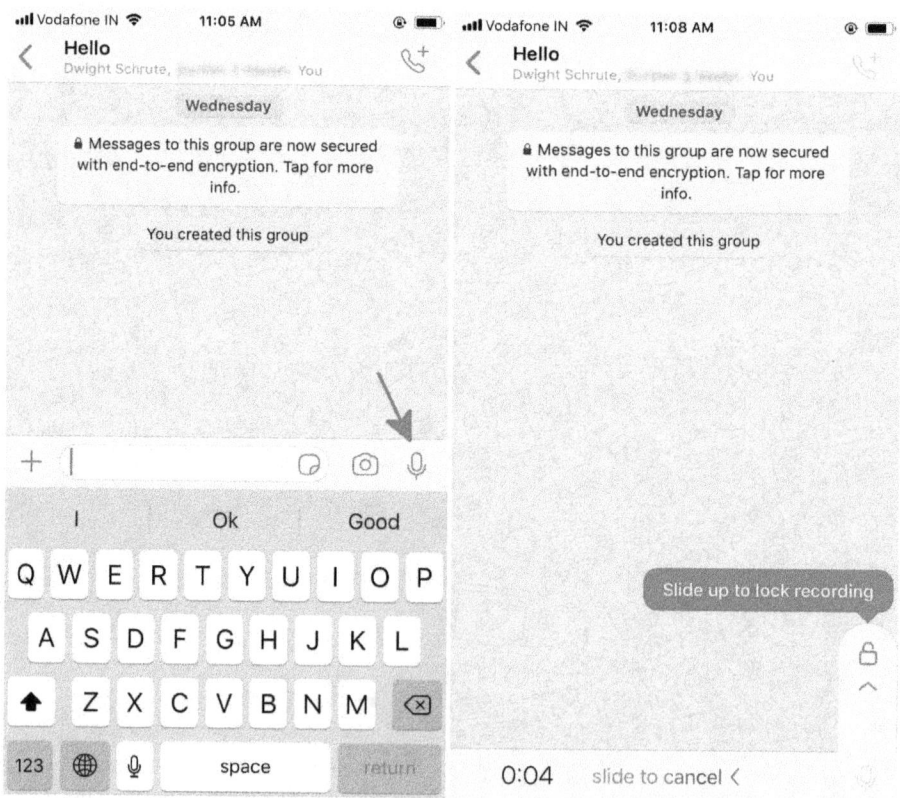

Android:

No seu smartphone Android, para enviar uma mensagem de voz, você precisa pressionar e segurar o botão verde do microfone à direita da caixa de bate-papo. Assim que você pressionar e segurar o botão, a mensagem começará a ser gravada e continuará até você soltar o botão . Esta mensagem de voz é enviada na mesma tela de bate-papo em que suas mensagens de texto são enviadas.

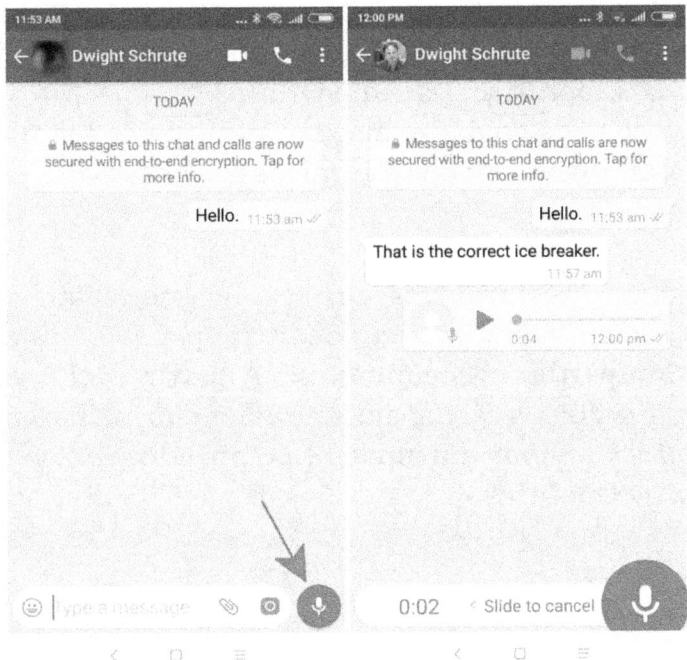

Com as mensagens de voz, o WhatsApp garante que, além dos músculos do polegar, os músculos vocais também sejam flexionados ao conversar com seus amigos!

3. DOCUMENTOS

Você pode enviar qualquer documento que quiser via WhatsApp. O WhatsApp suporta todos os tipos de arquivo com um limite de tamanho de 100 MB. Os tipos de arquivo que você pode enviar incluem .xls, .ppt, .doc, .pdf, .mp4 e .mp3

Assim, você pode enviar quaisquer arquivos de texto, arquivos de áudio, arquivos de vídeo e arquivos de aplicativos.

Iphone:

Para enviar esses arquivos em seu iPhone, clique no botão "+" à esquerda da caixa de bate-papo e selecione o botão "Compartilhar documentos". A partir daqui, você pode selecionar arquivos salvos em seu iPhone ou armazenados em seu armazenamento em nuvem, como iCloud, Google Drive, Dropbox ou OneDrive

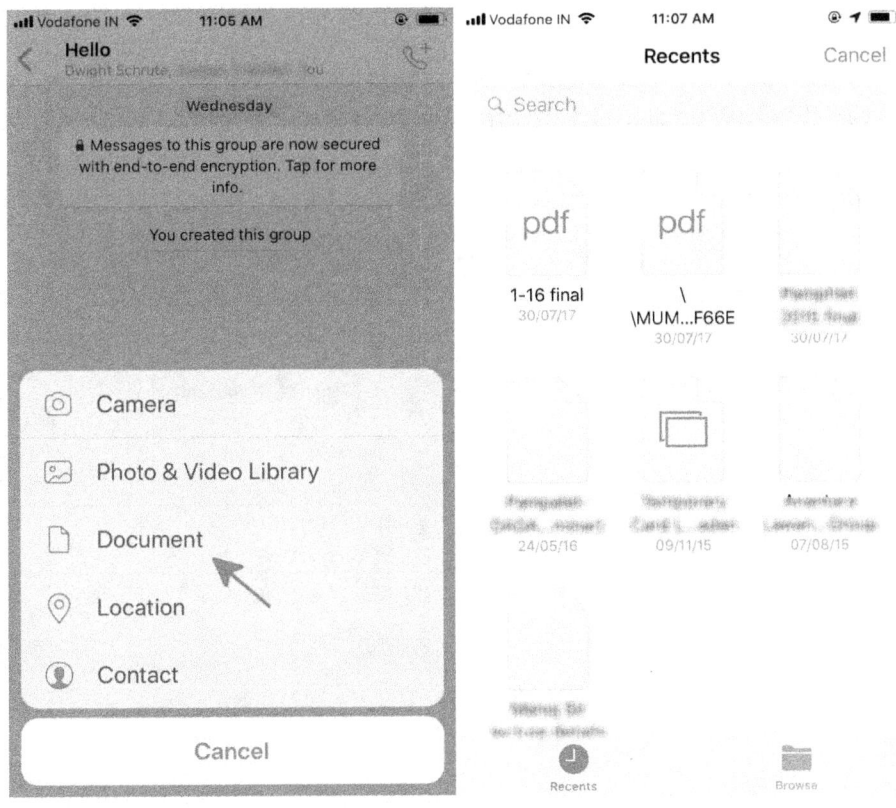

Android:

Para enviar os arquivos em seu smartphone Android, clique no botão de clipe de papel à direita da caixa de bate-papo e selecione o botão "Documento" a partir daqui, você pode selecionar qualquer arquivo em seu telefone Android para compartilhar.

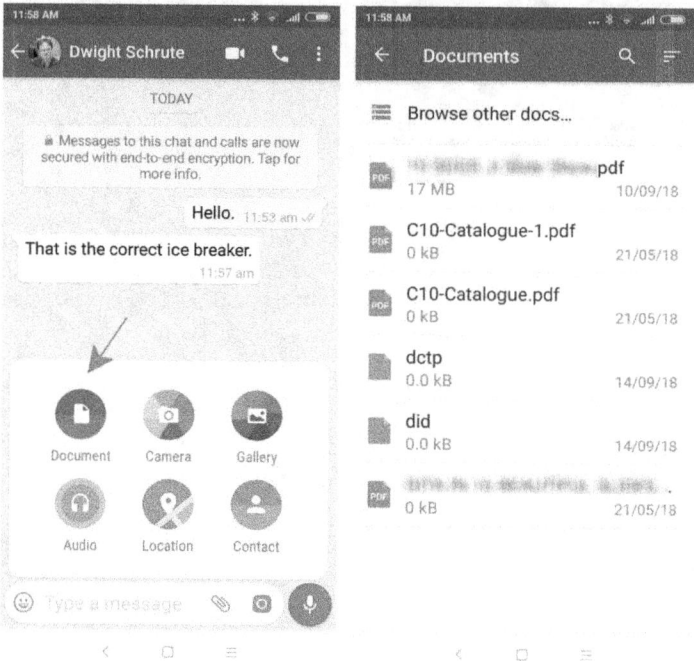

Agora você não precisa enviar por e-mail os documentos de seus amigos, você pode fazer isso diretamente pelo WhatsApp. Na verdade, você pode transferir documentos do seu telefone para o seu computador também usando o WhatsApp Web e o compartilhamento de documentos.

4. EMOJI, GIF E ADESIVOS

Às vezes, as palavras não são suficientes para expressar as emoções que você sente e precisa de uma maneira diferente de expressar essas emoções. É aqui que Emoji, GIFs e Adesivos entram em cena! Emojis são smileys ou símbolos usados para indicar expressões faciais, clima, animais, lugares etc.

Os GIFs são vídeos curtos que também podem ser usados para expressar o mesmo, enquanto os Stickers são simplesmente formas maiores e mais elaboradas de emojis

Iphone:

Para usar essas formas de expressão criativa em seu iPhone, pressione a caixa de bate-papo para abrir o teclado e clique no botão de carinha sorridente no canto inferior esquerdo do teclado. Isso o levará ao menu emoji, onde você seleciona o emoji, GIF ou adesivos que deseja enviar.

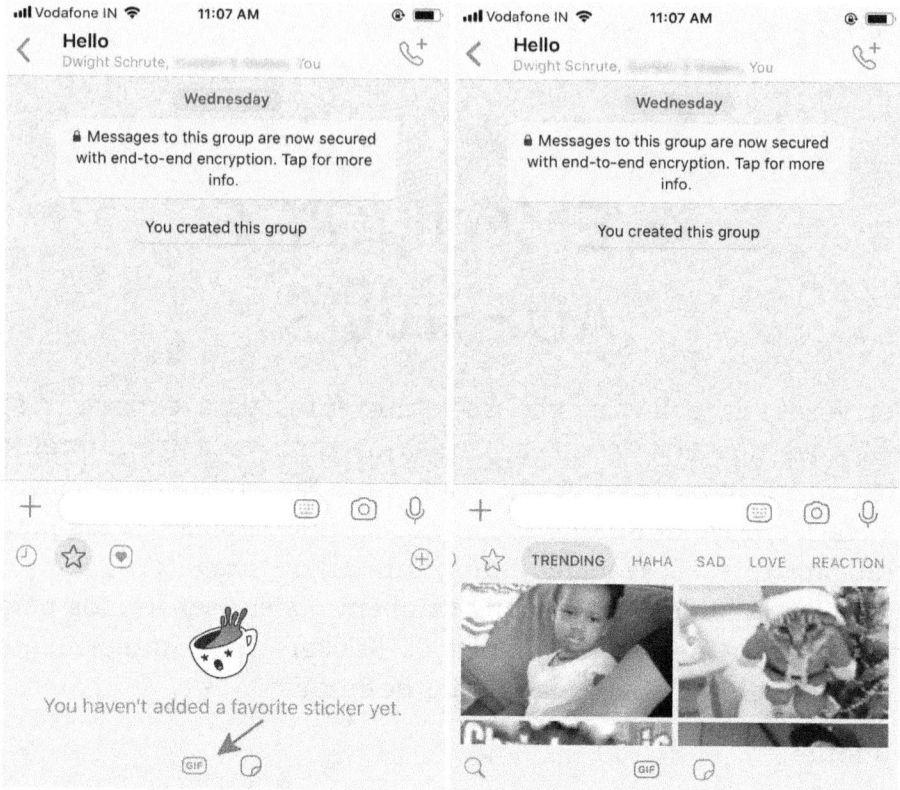

Android:

No seu telefone Android, clique no rosto sorridente à esquerda da caixa de bate-papo para abrir o menu de emojis. Aqui você pode selecionar o emoji, GIF ou adesivo de sua escolha. Seus emojis mais usados são salvos na primeira tela do menu emoji para facilitar o acesso aos seus emojis mais usados. Então vá em frente e se expresse plenamente! 😁😁

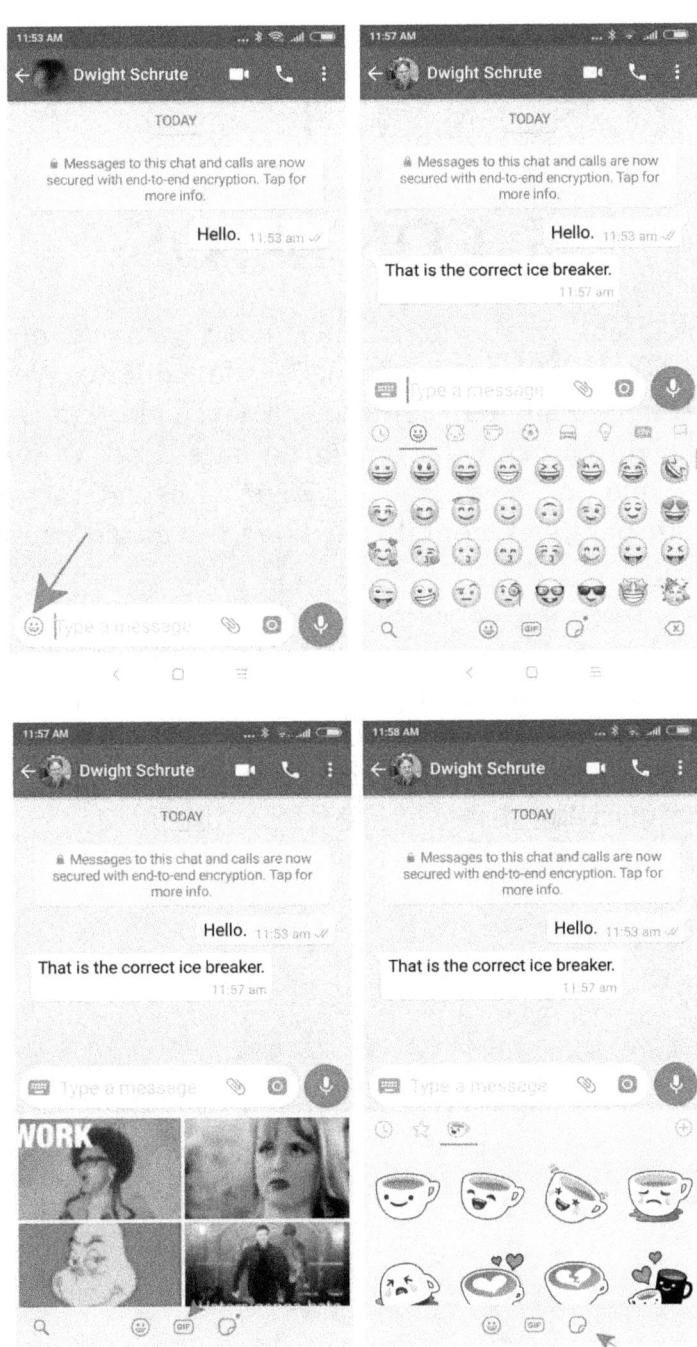

5. CONTATOS

Um dos itens mais úteis que você pode compartilhar via WhatsApp são as informações de contato. Você pode compartilhar qualquer contato armazenado em sua lista telefônica diretamente na janela de bate-papo. O WhatsApp permite que o destinatário envie imediatamente uma mensagem para esse contato ou salve o contato em sua lista telefônica.

Iphone:

Para compartilhar contatos em seu iPhone, clique no "+" à esquerda da janela de bate-papo e selecione "Contatos". A partir daqui, você pode pesquisar e selecionar todos os contatos que deseja compartilhar.

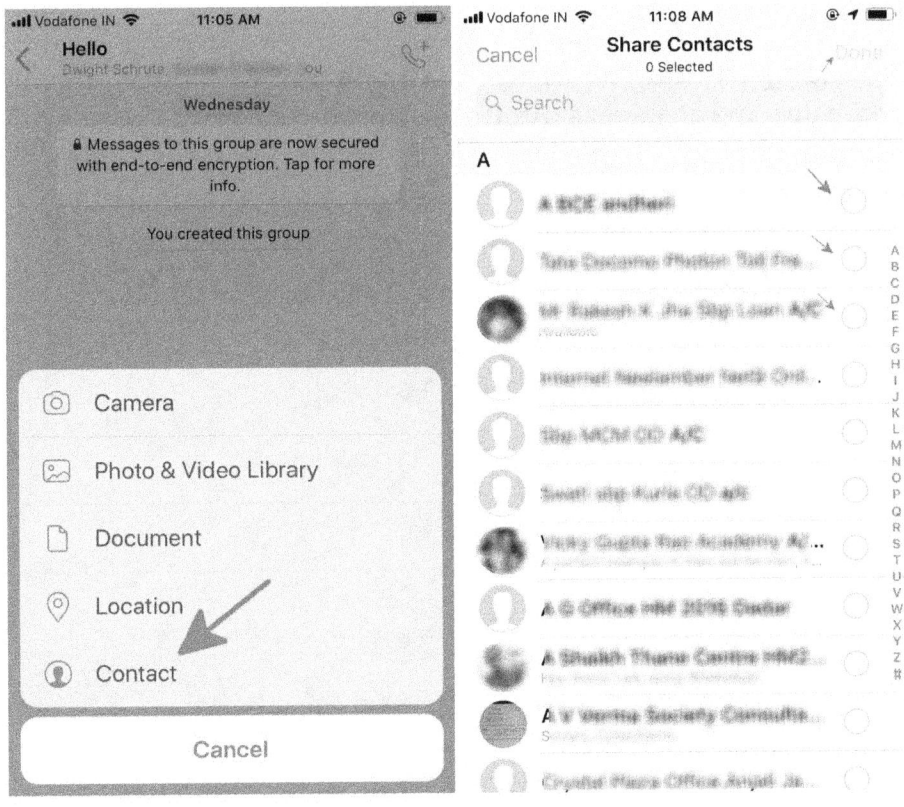

Android:

Para compartilhar contatos em seu telefone Android, clique no botão de clipe de papel à direita da caixa de bate-papo e selecione o botão "Contato". Isso o levará à sua lista de contatos, onde você poderá selecionar a lista de contatos que deseja compartilhar.

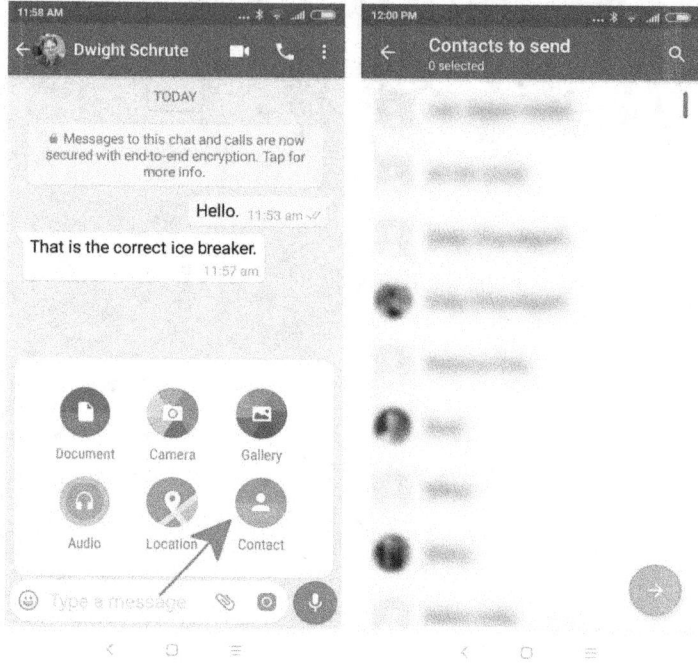

Tenho certeza de que isso torna as chatas sessões de networking muito mais fáceis! Não são necessários mais cartões de visita!

6. Localização

Você já se perdeu tentando encontrar a casa do seu amigo ou o restaurante onde todos iriam se encontrar? Você não precisa mais se preocupar com isso com o compartilhamento de localização

Usando o compartilhamento de localização, você pode compartilhar sua localização atual, sua localização ao vivo ou a localização de um ponto de referência. Com a localização ao vivo, seu amigo pode rastrear seu movimento por um tempo definido por você. Agora, quando seu amigo lhe disser que está a 15 minutos, você pode ver se ele está falando a verdade!

Iphone:

Para compartilhar sua localização em seu iPhone, clique no botão "+" à esquerda da caixa de bate-papo e clique no botão "Localização". Aqui você pode optar por compartilhar sua localização atual, localização ao vivo ou a localização de um ponto de referência próximo. Depois de selecionar Live Location, você pode selecionar por quanto tempo deseja compartilhar sua localização.

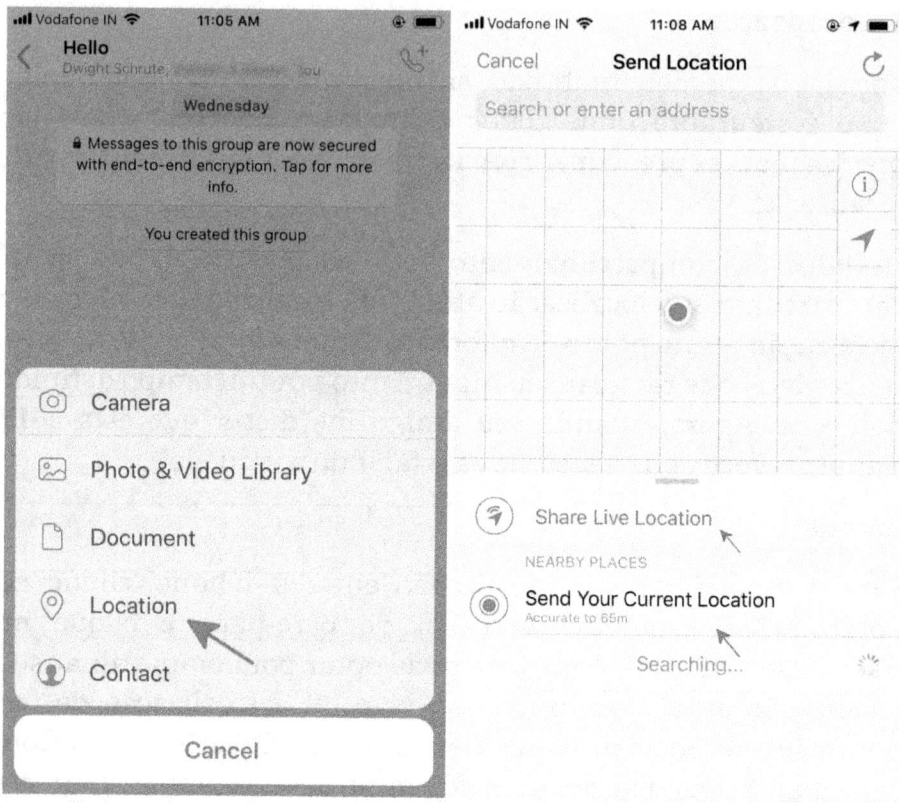

Android:

Para compartilhar sua localização em seu telefone Android, clique no botão de clipe de papel à direita da caixa de bate-papo e selecione o botão "Localização". A partir daqui, você pode optar por compartilhar sua localização atual, localização ao vivo ou a localização de um ponto de referência próximo. Depois de selecionar Live Location, você pode selecionar por quanto tempo deseja compartilhar sua localização. Nunca mais perca o seu caminho!

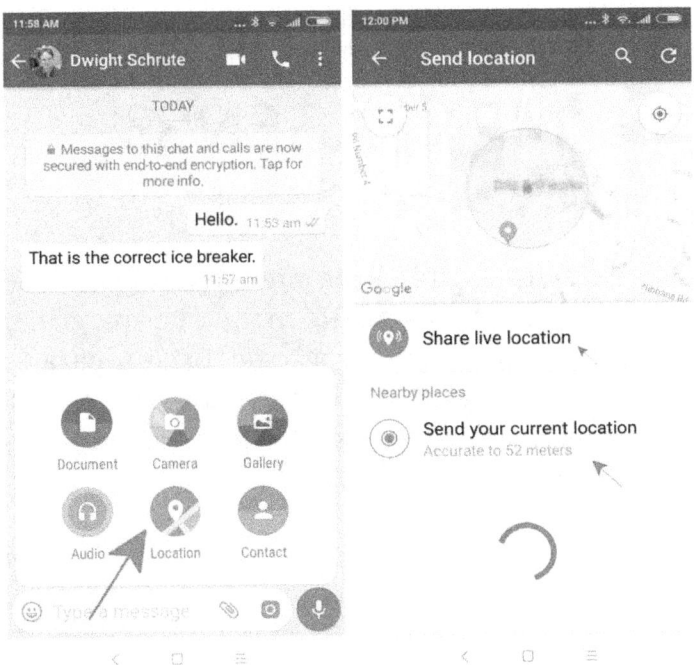

COMO FAÇO PARA EXCLUIR, RESPONDER E ENCAMINHAR MENSAGENS?

Iphone:

No seu iPhone, para excluir uma mensagem que você enviou, pressione e segure a mensagem. No menu que aparece, selecione o botão "Excluir". Isso oferece a opção de "Excluir para você", que exclui apenas a mensagem para você, para que o destinatário possa ver a mensagem, ou "Excluir para todos", para que a mensagem seja excluída para todos.

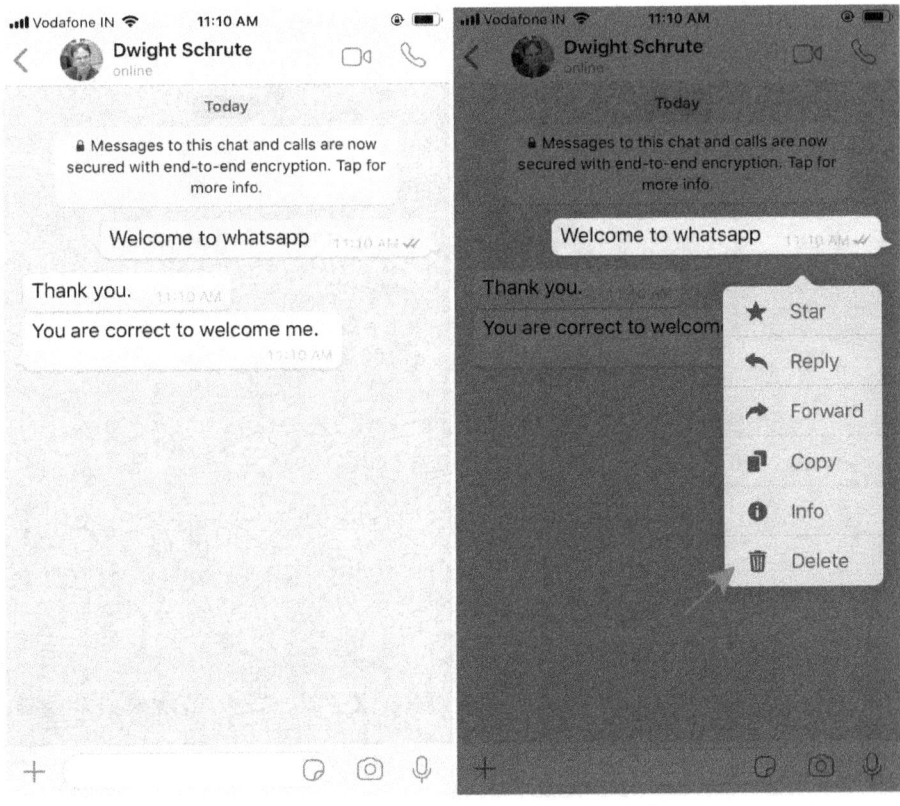

Você pode responder a mensagens específicas usando a função Responder. Isso permite que você inclua a mensagem que está respondendo em sua resposta de mensagem. Isso é particularmente útil em mensagens de grupo em que várias pessoas trocam mensagens ao mesmo tempo. Para usar a função de resposta em seu iPhone, pressione e segure a mensagem que deseja responder. Selecione o botão "responder" no menu que aparece e digite a mensagem que deseja enviar como resposta.

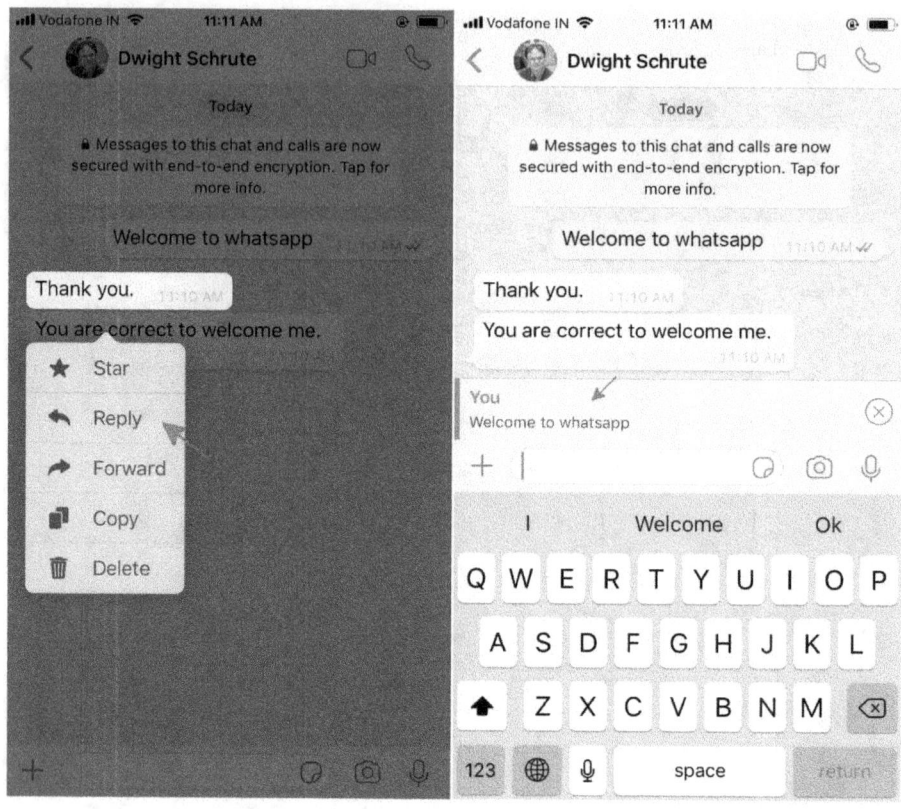

Para encaminhar uma mensagem em seu iPhone, pressione e segure a mensagem que deseja encaminhar. Selecione "encaminhar" no menu que aparece. Isso abrirá seus contatos para os quais você pode encaminhar a mensagem. Você pode encaminhar sua mensagem para 20 contatos por vez se não estiver na Índia. Se você estiver na Índia, estará limitado a 5 contatos por vez.

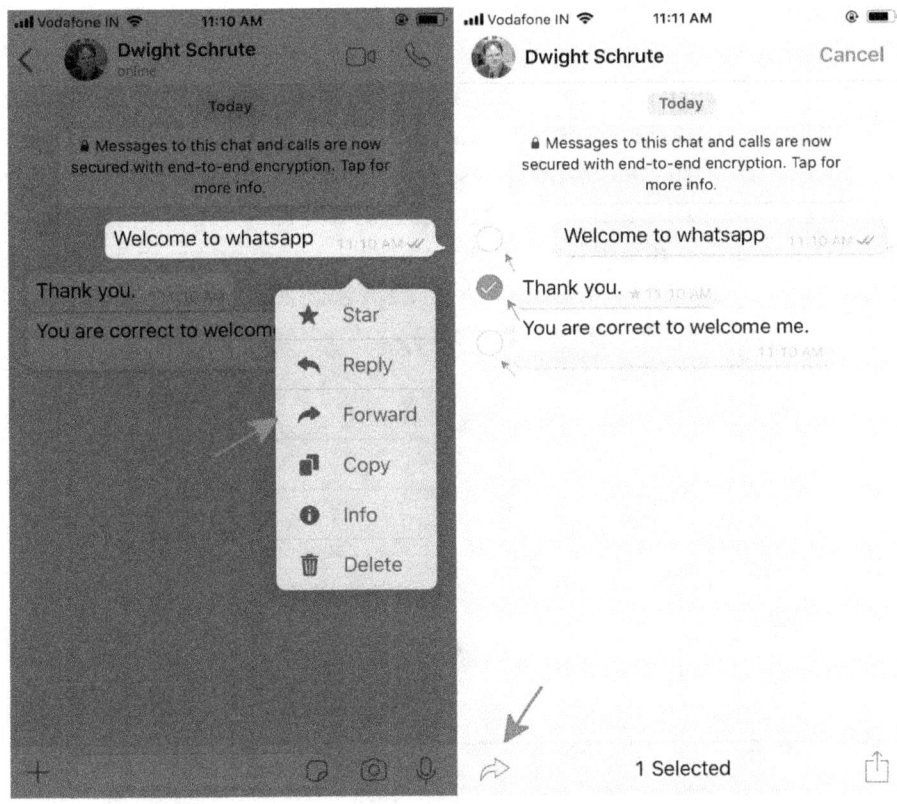

Android:

Para excluir uma mensagem em seu smartphone Android, pressione e segure a mensagem que deseja excluir. Isso revelará um menu na parte superior da tela. Clique no botão da lixeira para excluir a mensagem. Pressionar o botão da lixeira oferece a opção de "Excluir para você", que exclui apenas a mensagem para você, para que o destinatário possa ver a mensagem, ou "Excluir para todos", para que a mensagem seja excluída para todos.

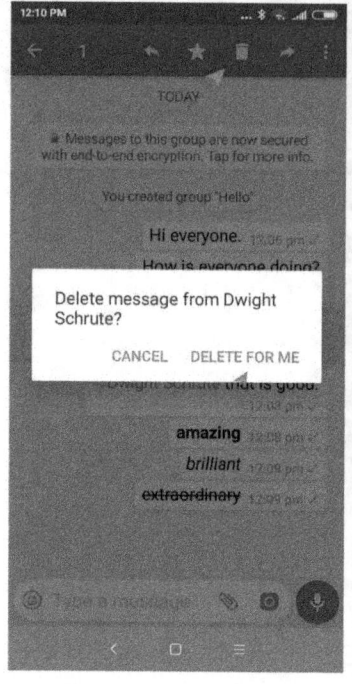 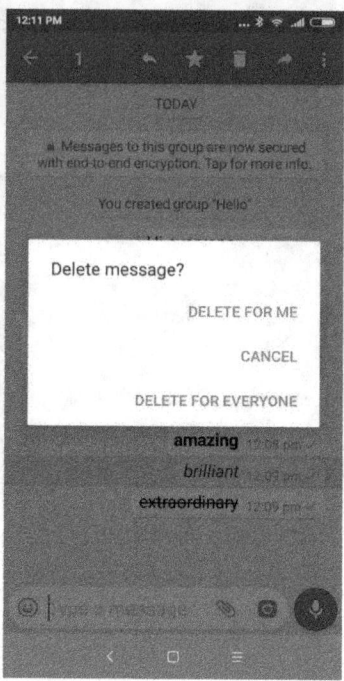

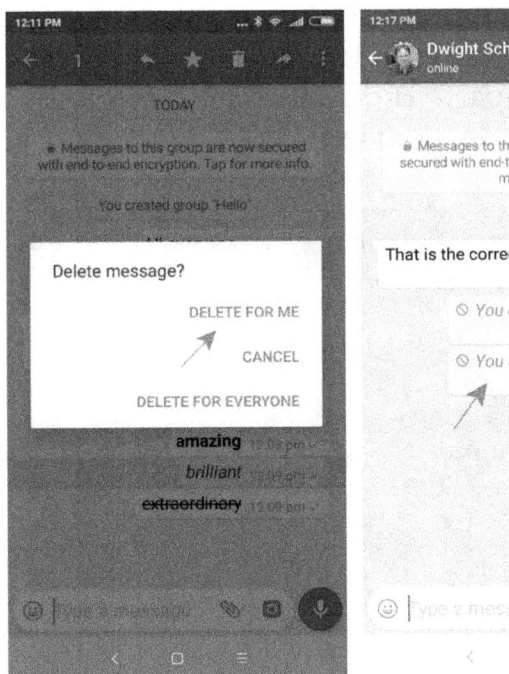

Para usar a função de resposta em seu smartphone Android, pressione e segure a mensagem que deseja responder. Isso revela um menu na parte superior da tela. Clique na seta que aponta para a esquerda à esquerda do menu para responder à mensagem.

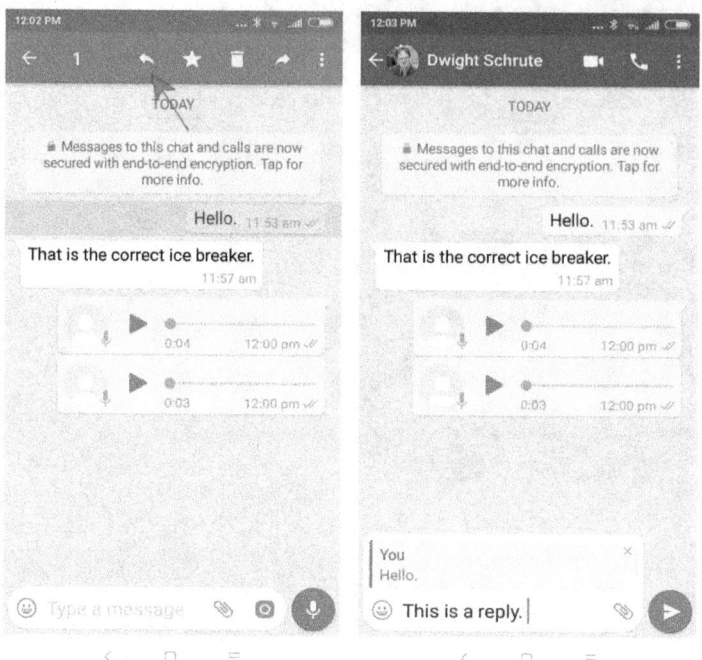

Para encaminhar uma mensagem em seu smartphone Android, pressione e segure a mensagem que deseja encaminhar. Isso revela um menu na parte superior da tela. Selecione o botão de seta apontando para a direita para a direita do menu. Isso abre seus contatos para quem você pode encaminhar sua mensagem. Você pode encaminhar sua mensagem para 20 contatos por vez se não estiver na Índia. Se você estiver na Índia, estará limitado a 5 contatos por vez.

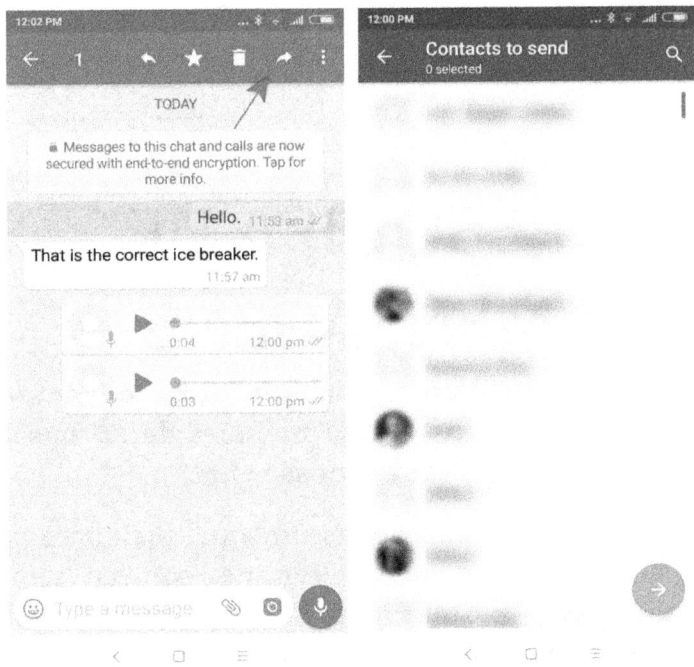

PESQUISA DE MENSAGENS

Meu amigo compartilhou algumas informações importantes alguns meses atrás. Existe uma maneira de eu buscar essas informações e encontrá-las em nosso chat?

Você pode pesquisar mensagens em qualquer bate-papo que desejar. Para fazer isso no seu iPhone, comece a digitar as palavras que deseja pesquisar na barra de pesquisa da tela de bate-papo. Isso pesquisará todas as suas mensagens e fornecerá todas as mensagens com palavras correspondentes. Ele também mostrará nomes de contato ou grupos com a palavra de consulta.

Para fazer o mesmo no smartphone Android, clique na lupa no canto superior direito da tela para revelar a barra de pesquisa semelhante à do iPhone. Digite a palavra que você está procurando para obter mensagens, nomes de contatos e nomes de grupos com consultas correspondentes.

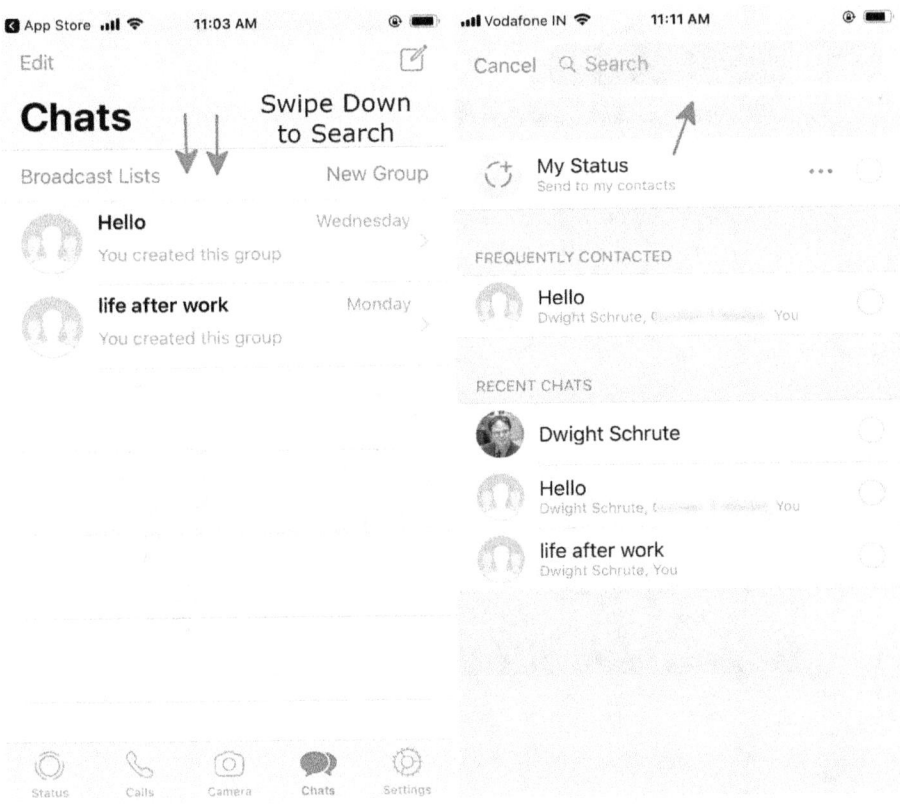

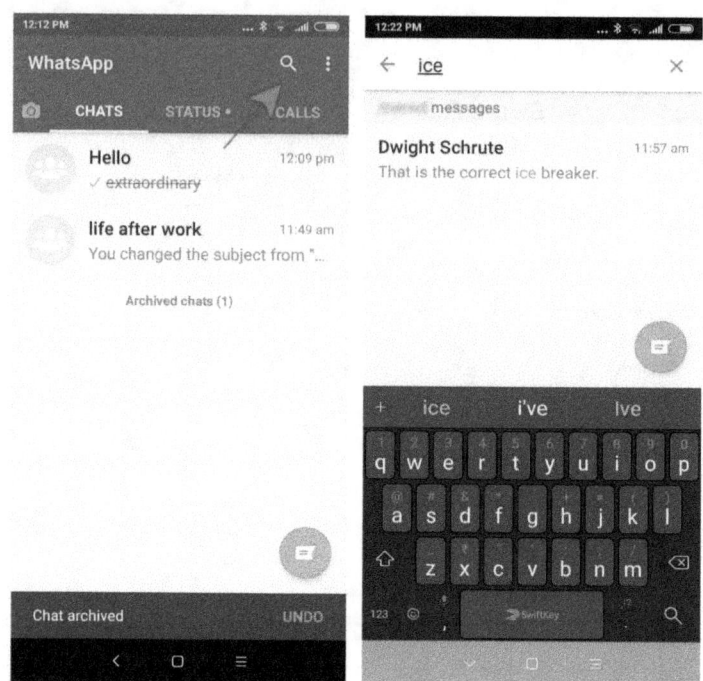

MENSAGENS COM ESTRELA

Existe uma maneira de salvar mensagens para que eu não precise procurá-las em um bate-papo?

Sim, você pode "estrelar" uma mensagem e acessá-la posteriormente no menu "com estrela". Pressione e segure a mensagem que deseja salvar. No seu iPhone, clique no ícone de estrela no menu que aparece. Da mesma forma, no seu smartphone Android, clique no ícone de estrela no menu que se revela na parte superior da tela.

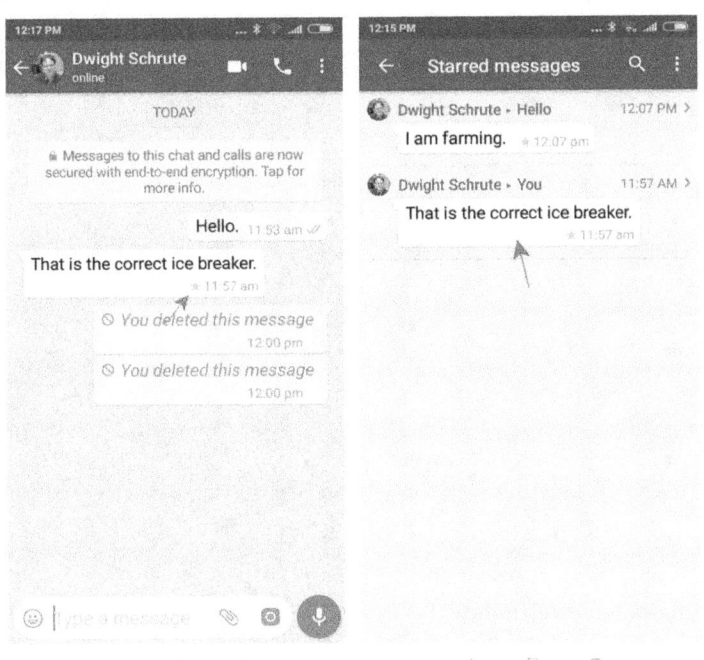

Para ver as mensagens com estrela no seu iPhone, clique em Configurações no canto inferior direito da tela e clique no botão "Mensagens com estrela". No seu smartphone Android, clique no menu de 3 botões no canto superior direito da tela e clique no botão "Mensagens com estrela" para acessar suas mensagens com estrela.

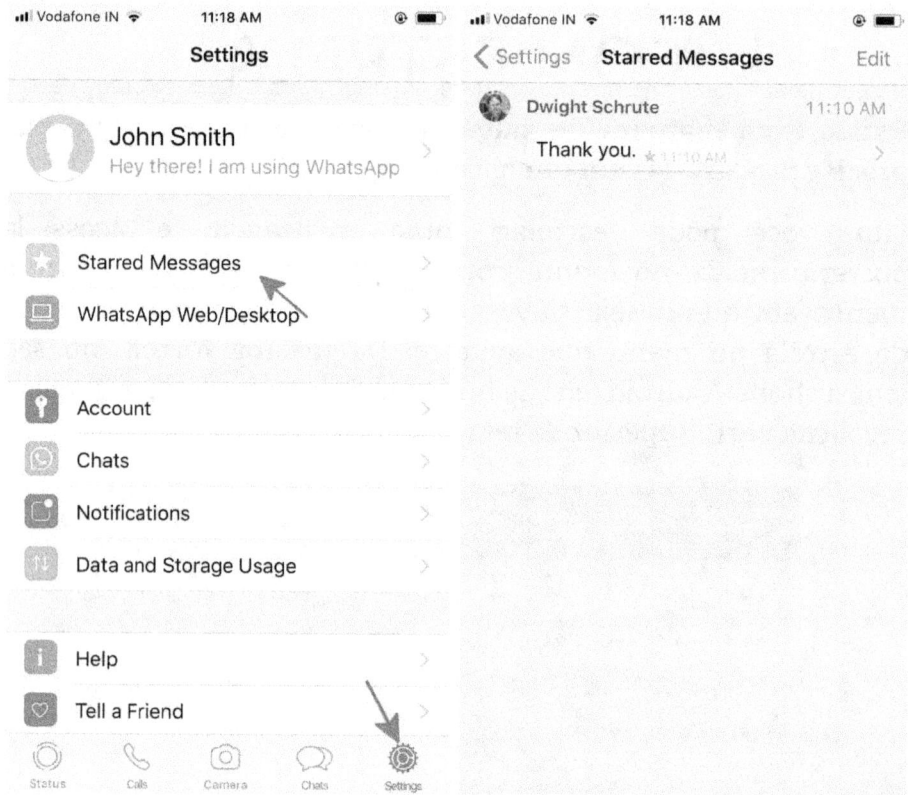

MODIFICAÇÕES DE TEXTO

Você sabia que pode modificar a forma como o texto aparece nas suas mensagens do WhatsApp?

Você pode fazer o texto**audacioso**simplesmente colocando o texto entre *(Enter Text Here)*
Por exemplo, se você quiser colocar as palavras WhatsApp messenger em negrito, você escreverá como *WhatsApp messenger* Ele será exibido como**Mensageiro WhatsApp**!

Você pode fazer o texto em*itálico*simplesmente colocando o texto entre _(Enter Text Here)_
Por exemplo, se você quiser colocar as palavras WhatsApp messenger em itálico, você escreverá como _WhatsApp messenger_ e será exibido como*Mensageiro WhatsApp*!

Você pode fazer o tachado simplesmente colocando o texto entre ~(Enter Text Here)~
Por exemplo, se você quiser colocar as palavras WhatsApp messenger em negrito, você o escreverá como ~WhatsApp messenger~ Ele será exibido como~~Mensageiro WhatsApp~~!

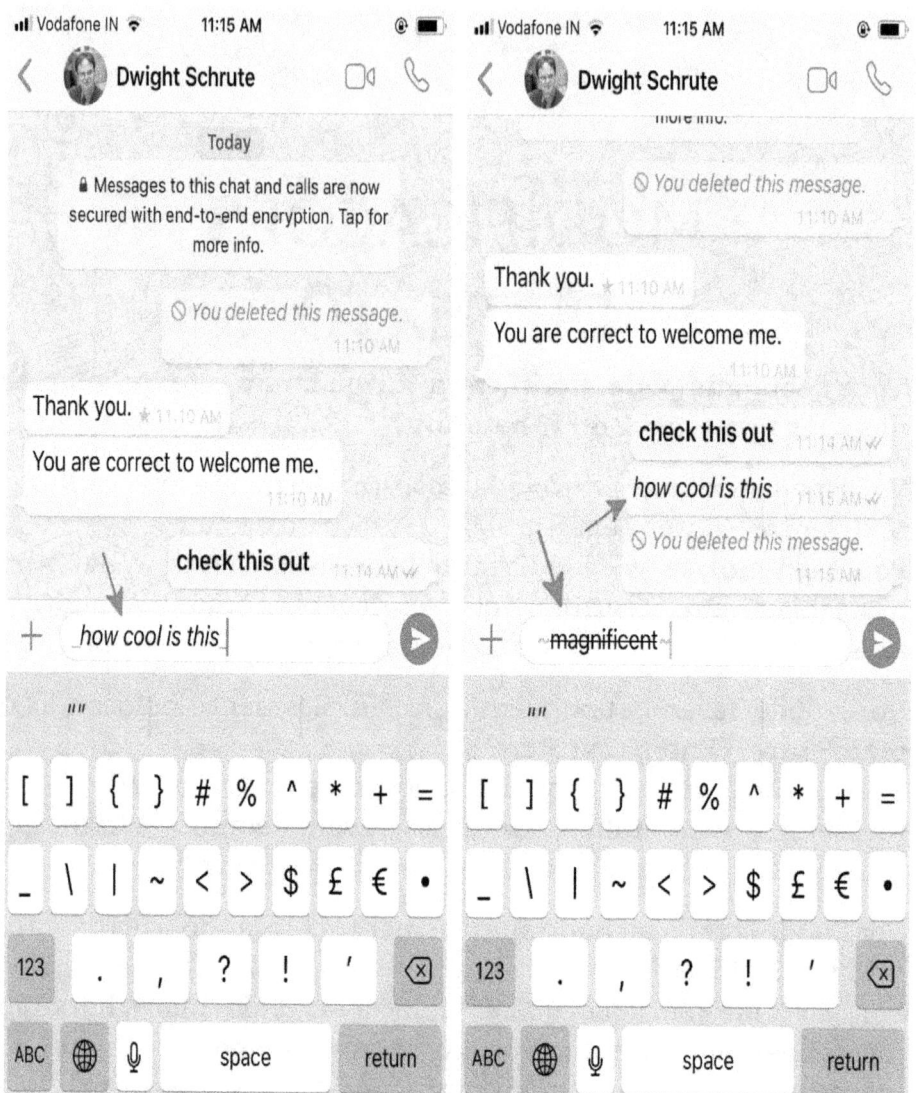

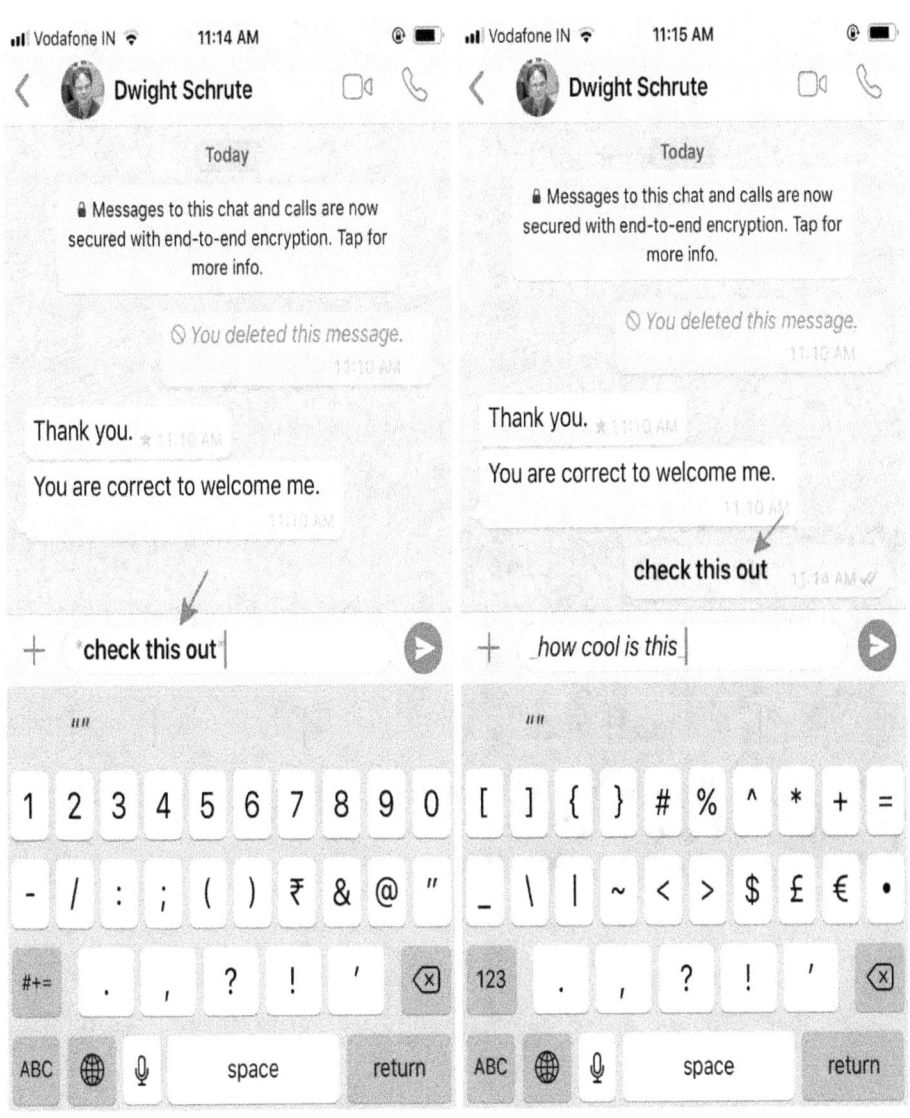

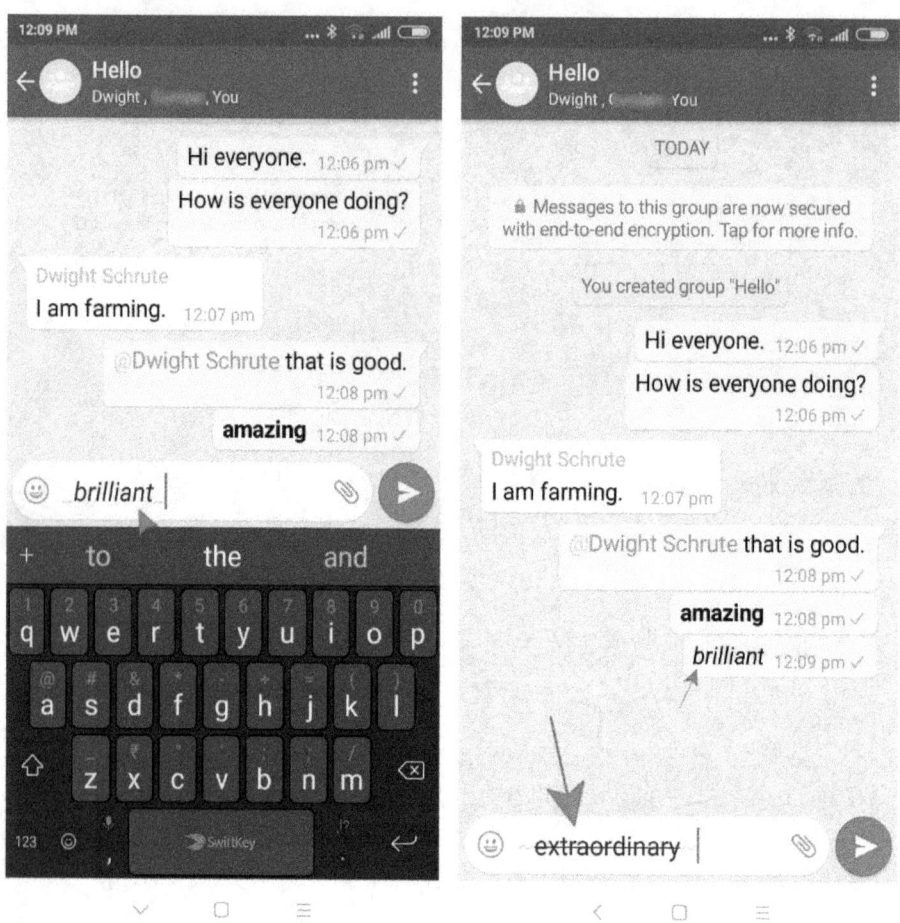

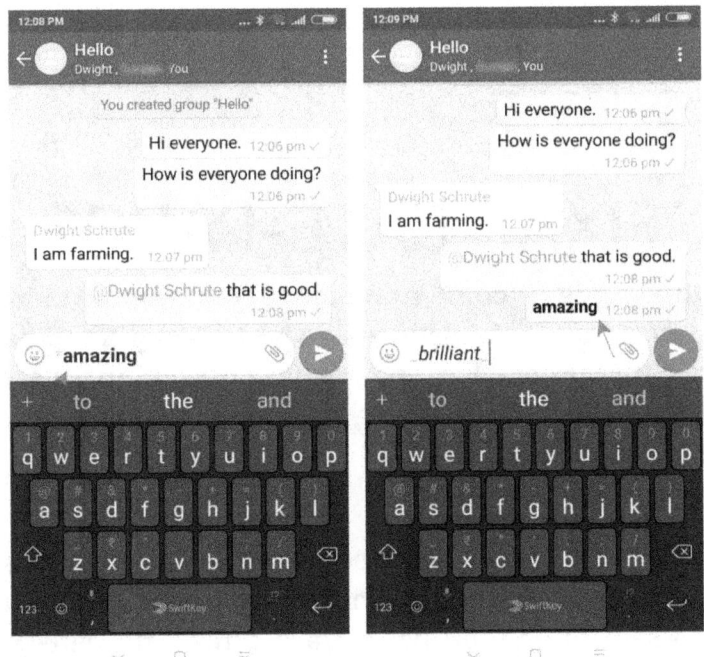

FIXAR BATE-PAPOS

Há alguns amigos com quem converso regularmente. Não quero procurar o bate-papo deles todos os dias. Existe uma maneira de fixar seus bate-papos para que eu possa acessá-los facilmente?

Iphone:

Sim, você pode fixar chats que permanecem no topo da sua lista de chats. Você pode fixar no máximo 3 chats. Para fixar bate-papos no seu iPhone, deslize para a direita no bate-papo que deseja fixar. Ao deslizar com o botão direito do mouse no botão fixar para fixar o bate-papo.

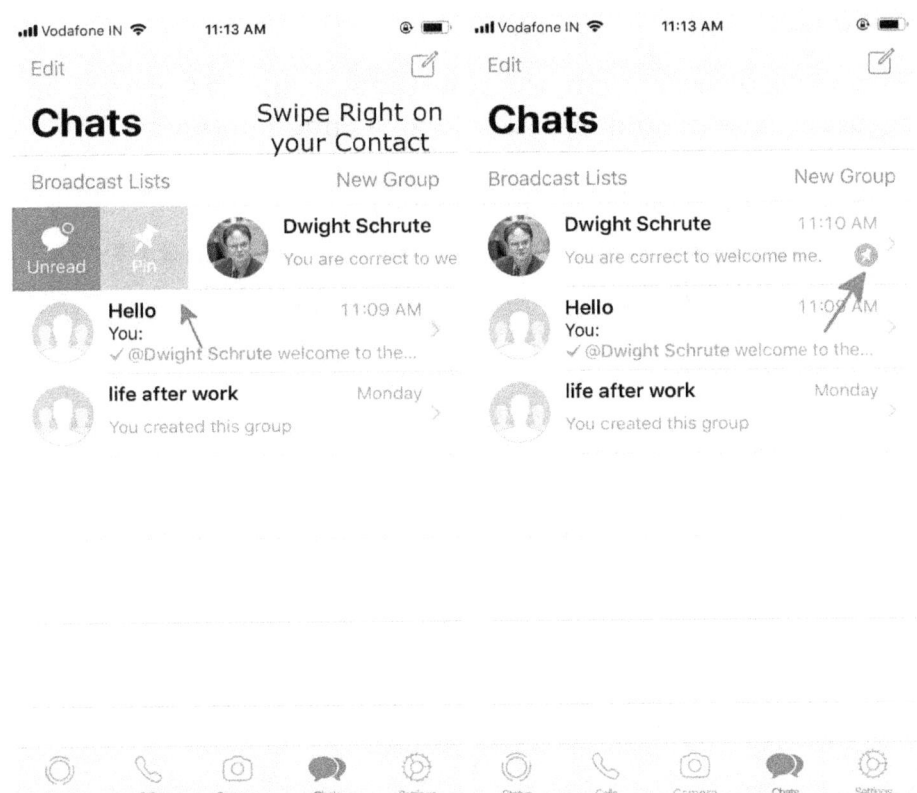

Android:

Para fazer o mesmo em seu smartphone Android, pressione e segure o bate-papo que deseja fixar e clique no botão fixar no menu que aparece na parte superior da tela. O botão fixar é o ícone mais à esquerda no menu superior.

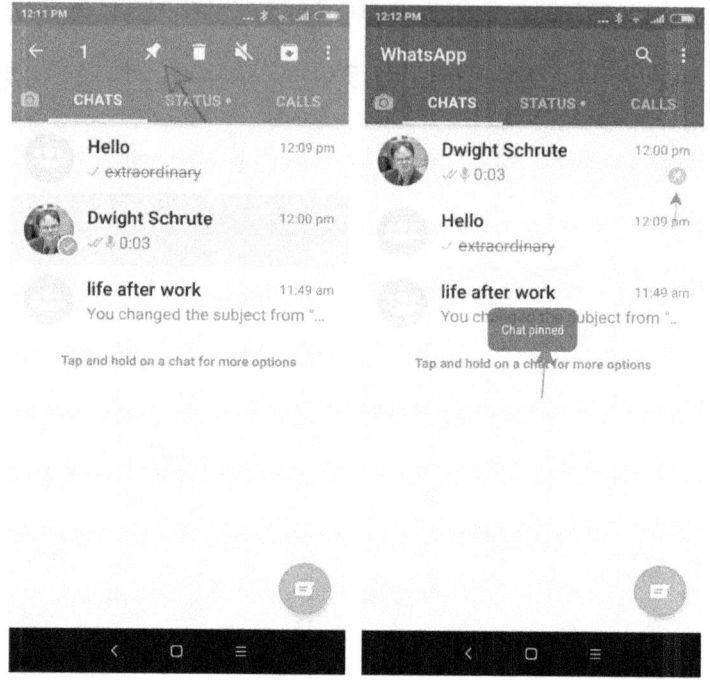

Existe um recurso adicional no smartphone Android para acessar rapidamente o bate-papo do seu melhor amigo. Você pode criar um atalho para o bate-papo do seu amigo na tela inicial, permitindo que você pule diretamente para o bate-papo do seu melhor amigo. Para fazer isso, vá para a tela de bate-papo do amigo para o qual você deseja criar um atalho. Aqui, clique no menu de 3 pontos no canto superior direito da tela. Clique em "Mais" e depois clique em "Adicionar atalho" e "Adicionar automaticamente". Um botão com a foto do perfil do seu amigo será criado na sua tela inicial. Você pode clicar nele para pular diretamente para o seu bate-papo!

Agora seus melhores amigos estão a apenas um clique de distância!

MENSAGENS DE TRANSMISSÃO

Tenho uma festa que estou planejando e quero informar a todos os meus amigos. Posso enviar a mesma mensagem para todos os meus amigos simultaneamente? É realmente complicado enviar a mesma mensagem para todos e cada um dos meus amigos!

Em primeiro lugar, você está dando uma festa e eu não recebi um convite?! vai deixar passar dessa vez��

Da próxima vez que você fizer uma festa, você pode usar a funcionalidade de transmissão do WhatsApp para enviar a mesma mensagem para um grande número de contatos.

Iphone:

Para criar uma lista de transmissão em seu iPhone, clique em "Listas de transmissão" no canto superior direito da tela de bate-papo e selecione todos os contatos que deseja adicionar à lista de transmissão. Quando terminar, clique em "Criar" no canto superior direito da tela. A partir daqui, clique na lista de transmissão e envie a mensagem que deseja enviar para todos eles.

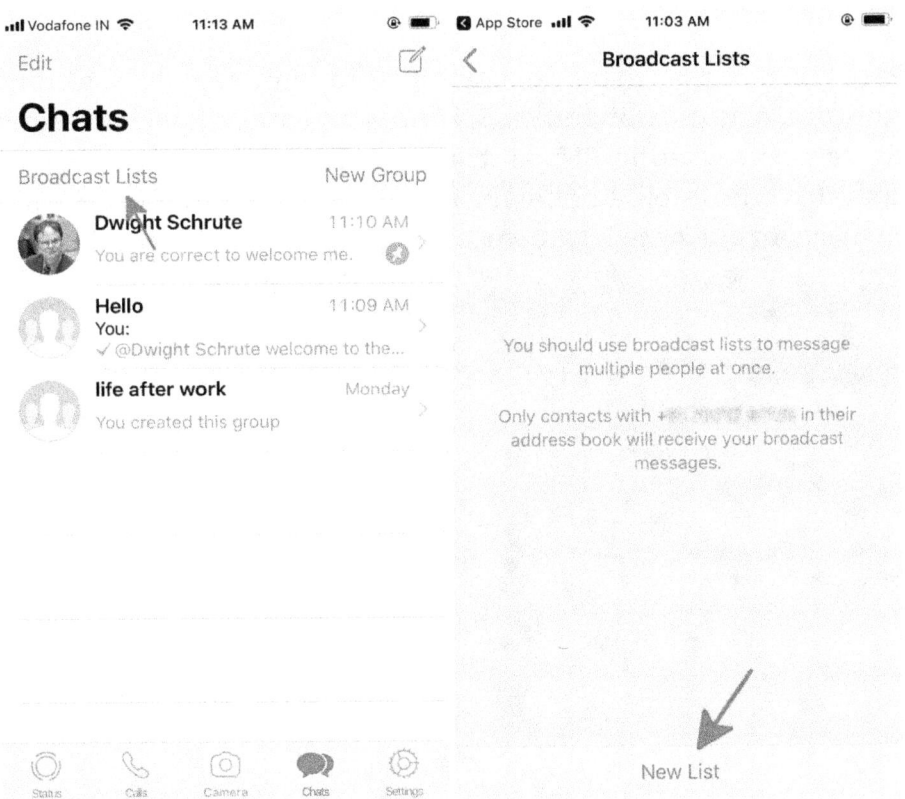

etc.

Android:

Para criar uma lista de transmissão em seu smartphone Android, clique no menu de 3 pontos no canto superior direito da tela e selecione "Nova transmissão". Selecione todos os contatos que deseja adicionar à sua lista de transmissão e envie a mensagem que deseja transmitir.

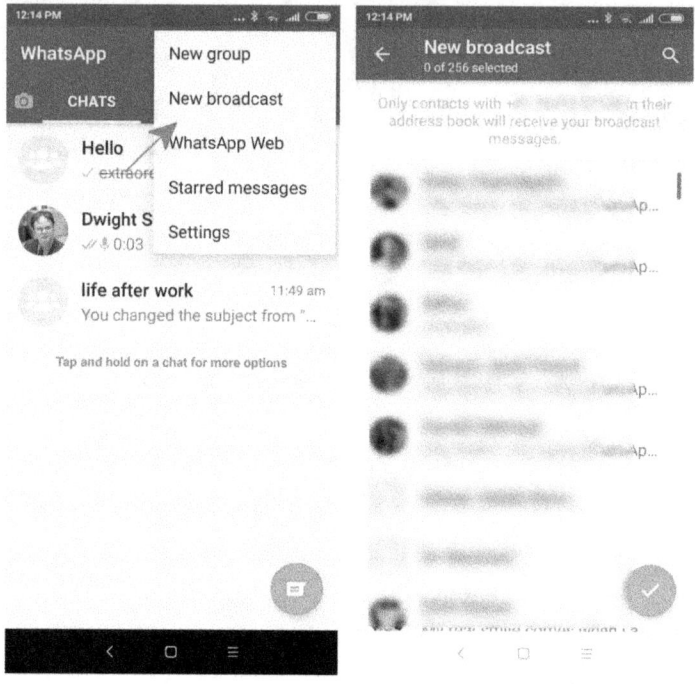

Parabéns! Todos os seus convites foram enviados. Espero que todos eles cheguem à sua festa!

ALTERAR PAPEL DE PAREDE DO PLANO DE FUNDO

Gostaria de personalizar o papel de parede dos meus chats. Como faço isso?

Iphone:

No seu iPhone, clique em configurações no canto inferior direito da tela e clique em Bate-papo. No menu Configurações de bate-papos, selecione a opção Papéis de parede de bate-papos. Aqui você pode selecionar na Biblioteca de papéis de parede, cores sólidas ou imagens da sua galeria para definir como papel de parede   do   bate-papo.

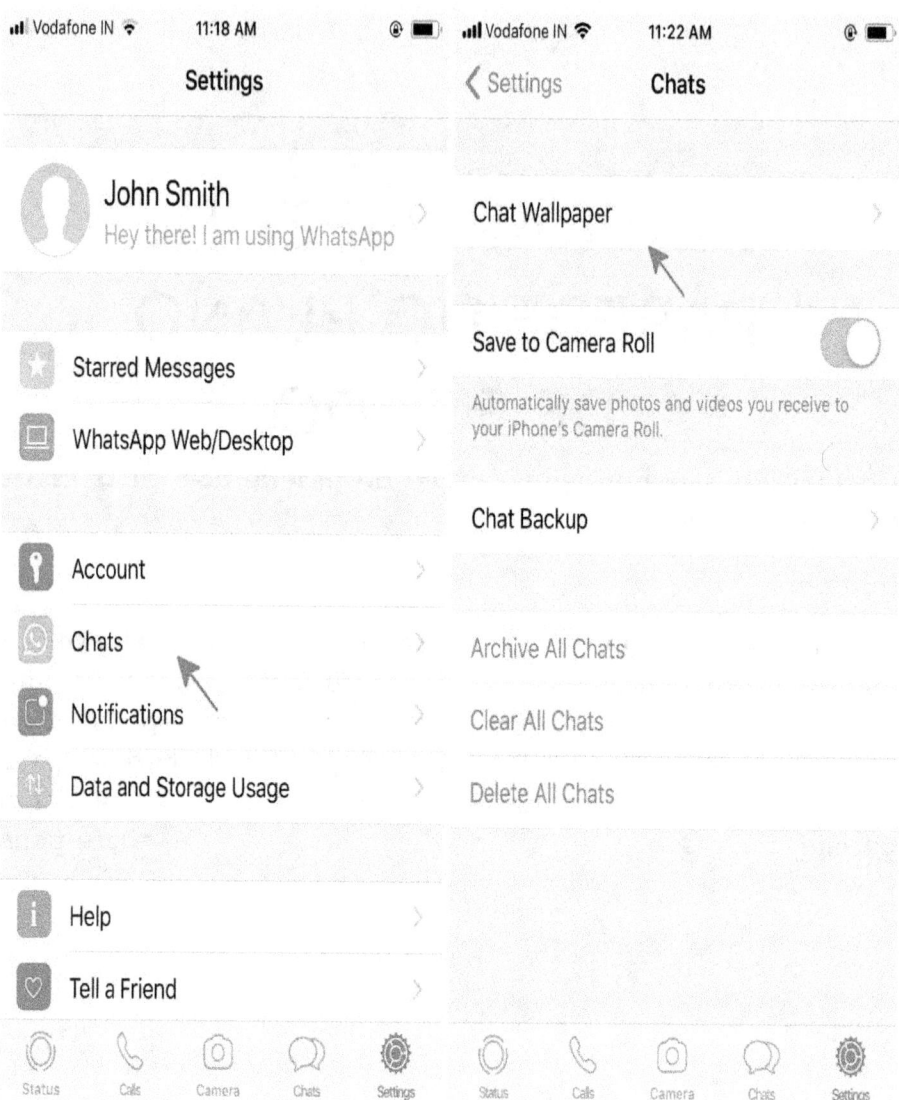

Android:

Para alterar o papel de parede do chat em seu smartphone Android, selecione o chat cujo papel de parede você deseja alterar. Clique no menu de 3 pontos no canto superior direito da tela e selecione "Wallpaper".

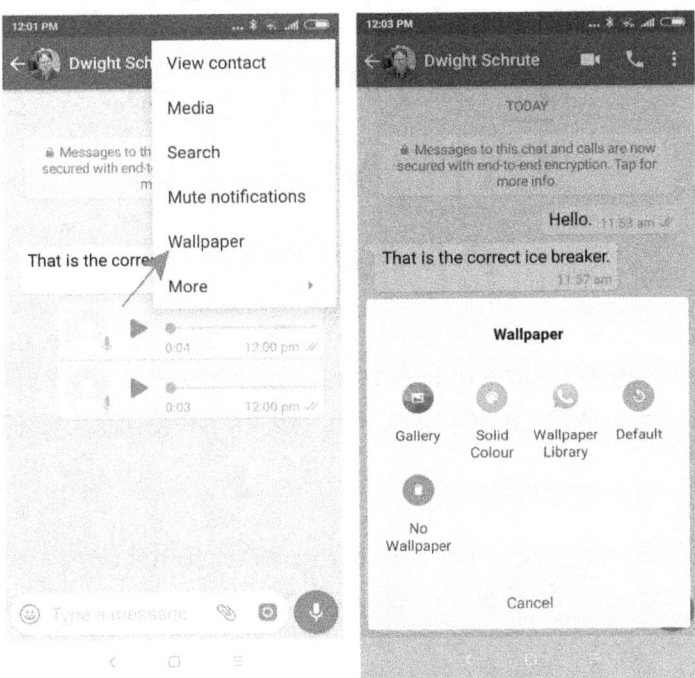

CONFIGURAÇÕES DE DOWNLOAD AUTOMÁTICO DE MÍDIA

Tenho um plano de dados limitado e gostaria de controlar as fotos e vídeos que baixo para o meu telefone. Existe uma maneira de alterar as configurações de download automático de mídia?

Iphone:

No seu iPhone, clique no botão Configurações no canto inferior direito da tela e clique no botão "Uso de dados e armazenamento". Aqui você pode selecionar a mídia que deseja definir para download automático em dados móveis e os formatos de mídia que não deseja fazer download automático em dados móveis.

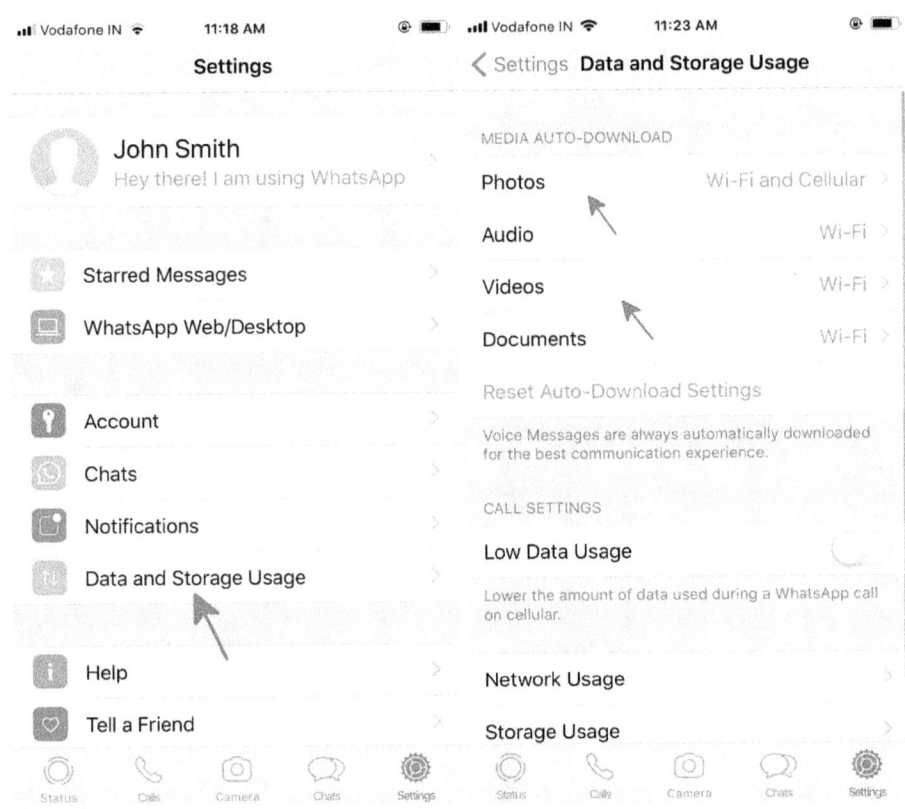

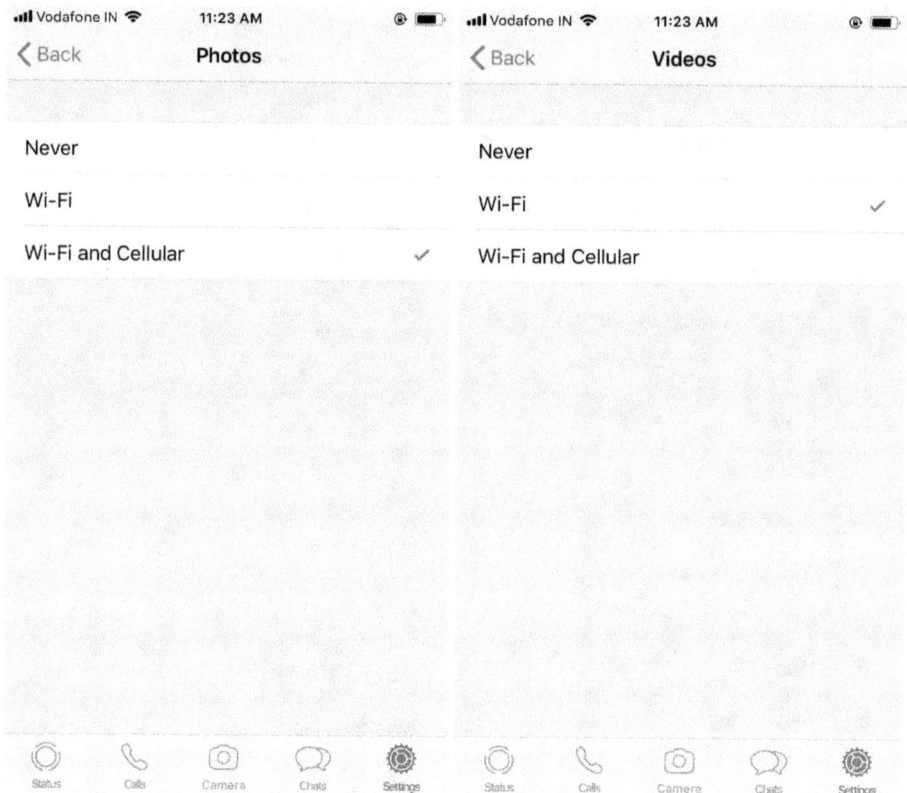

Android:

Da mesma forma, no seu smartphone Android, você pode acessar o menu Configurações clicando no menu de 3 botões no canto superior direito da tela e selecionar o botão "Uso de dados e armazenamento". Aqui você pode selecionar a mídia que deseja definir para download automático em dados móveis e os formatos de mídia que não deseja fazer download automático em dados móveis.

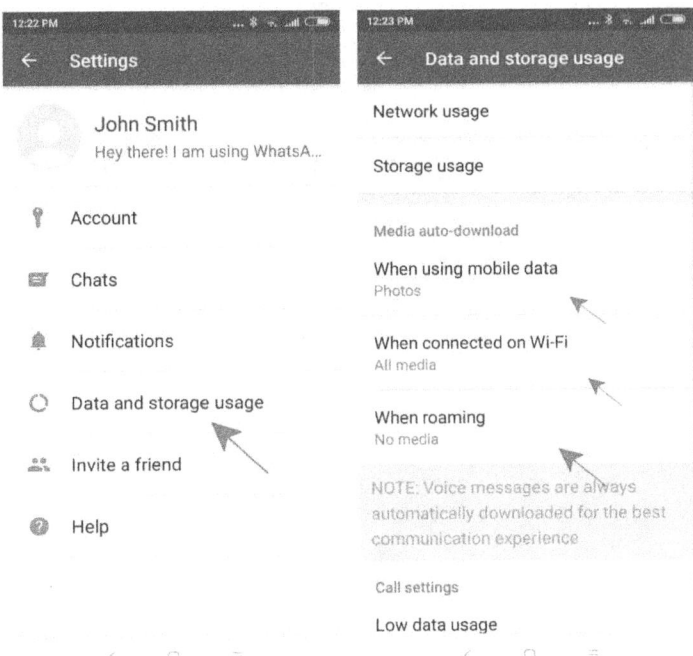

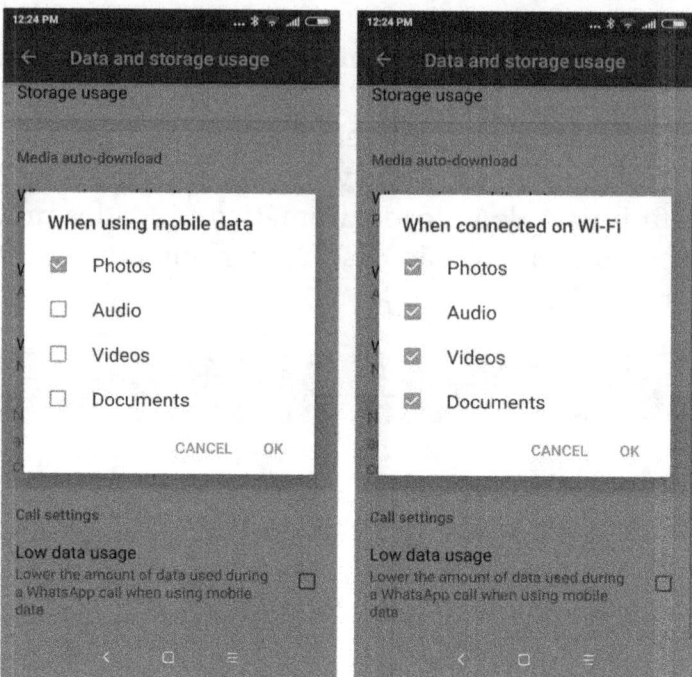

BLOQUEAR MENSAGENS

Tenho recebido mensagens de spam de um número desconhecido. O que posso fazer sobre isso?

Como as mensagens do WhatsApp são tão populares e fáceis de usar, as mensagens de spam são um efeito colateral infeliz da popularidade do WhatsApp. Você pode fazer duas coisas para combater isso. Primeiro, você pode bloquear o número para que o número não possa enviar mensagens para você e, em segundo lugar, pode denunciar o contato ao WhatsApp, que também bloqueará o contato e excluirá todas as mensagens com esse contato.

Iphone:

Para bloquear/denunciar um contato em seu iPhone, clique na guia Contatos na parte inferior da tela e role para baixo até o contato que deseja bloquear. Clique nas informações de perfil do contato e clique em "Bloquear este contato"

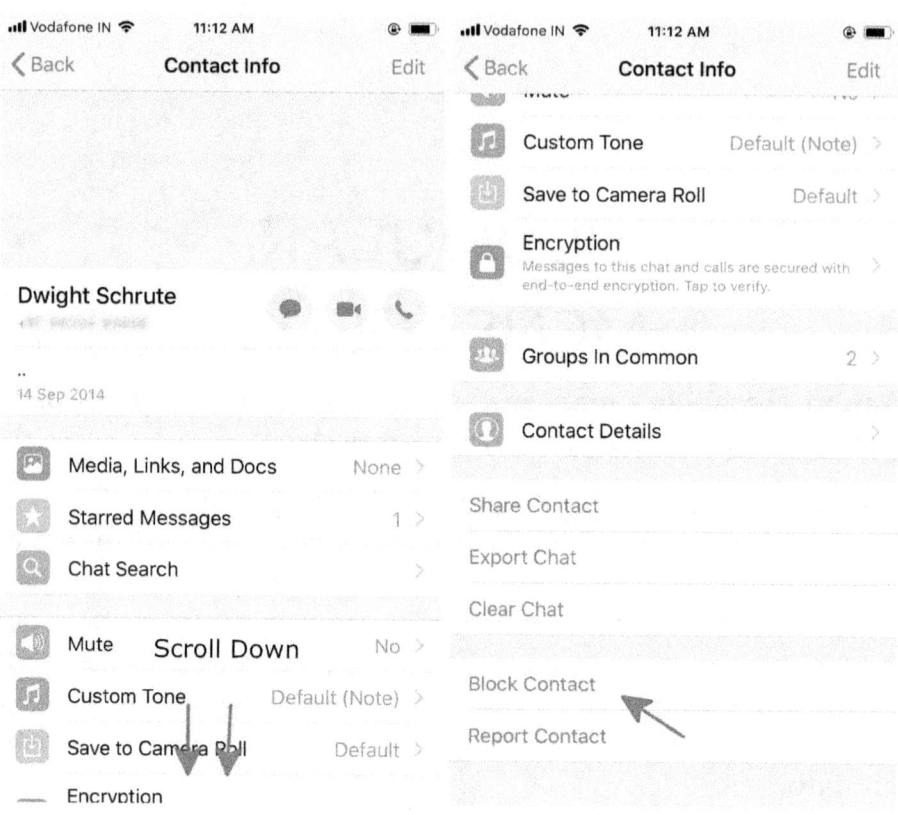

Android:

Para bloquear/denunciar um contato em seu smartphone Android abra o chat do contato que deseja bloquear/denunciar. Clique no menu de três botões no canto superior direito da tela e selecione "Bloquear" ou "Denunciar" para bloquear ou denunciar o contato simultaneamente.

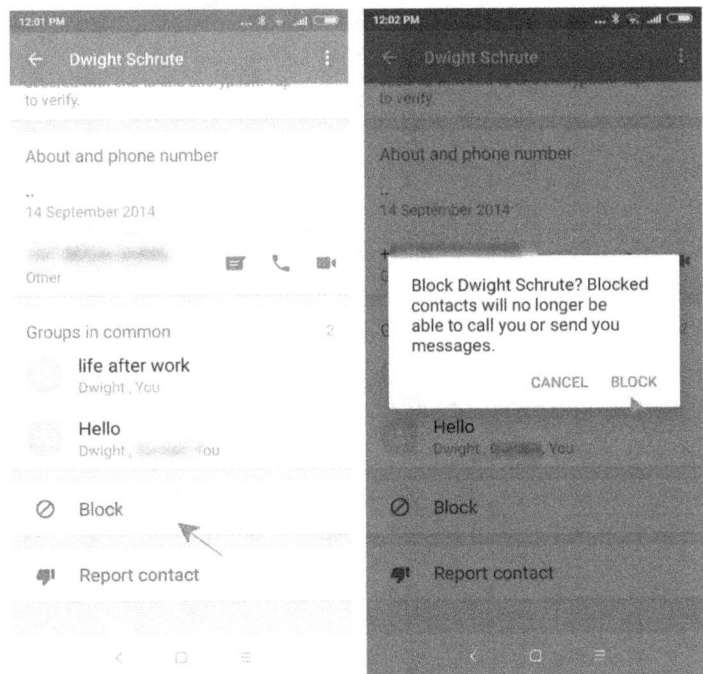

Chega de mensagens de spam desnecessárias para você!

Você sabia que o WhatsApp faz backup automático de todas as suas mensagens no iCloud no seu iPhone e no Google Drive no seu smartphone Android? Na verdade, você pode até exportar bate-papos inteiros para o seu e-mail!

SILENCIAR NOTIFICAÇÕES

Se você está cansado de notificações constantes de um contato, pode silenciar as notificações do contato. Os bate-papos não lidos ainda permanecerão na tela de bate-papo, embora você não receba nenhuma notificação adicional quando o contato enviar uma nova mensagem.

Iphone:

Para silenciar as notificações no seu iPhone, deslize para a esquerda no bate-papo que deseja silenciar. Clique no botão "Mais" para revelar a opção Mudo. Aqui você pode optar por silenciar as notificações por 8 horas, 1 semana ou 1 ano.

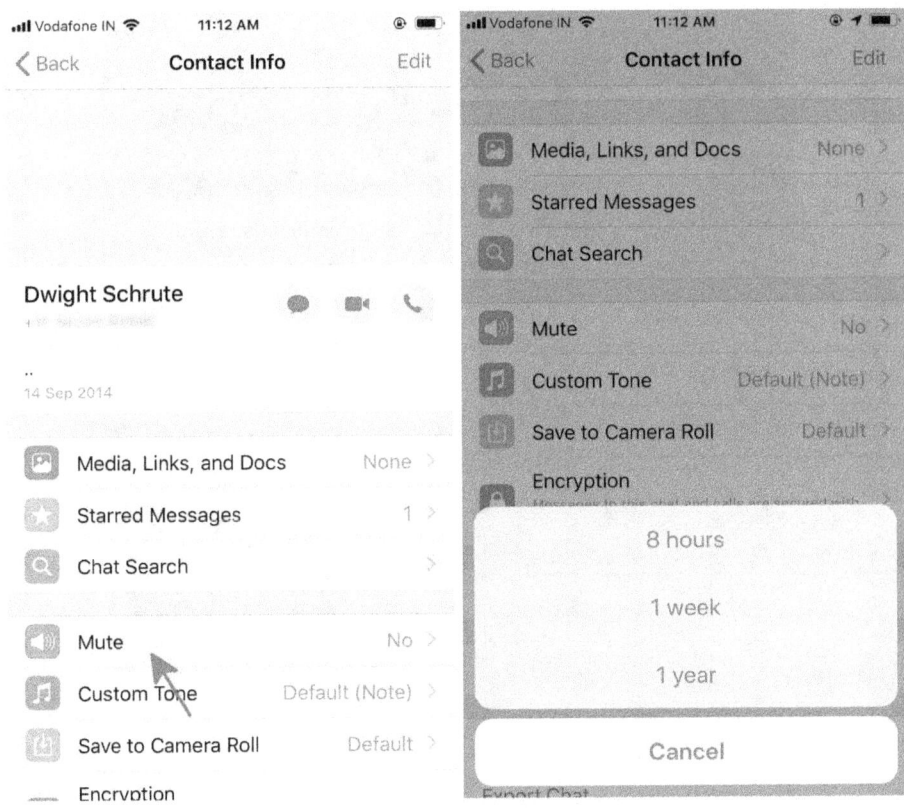

Android:

Para silenciar as notificações em seu smartphone Android, clique no chat que deseja silenciar. Clique no menu de 3 botões no canto superior direito da tela e clique no botão "Silenciar notificações". Aqui você pode optar por silenciar as notificações por 8 horas. 1 semana ou 1 ano.

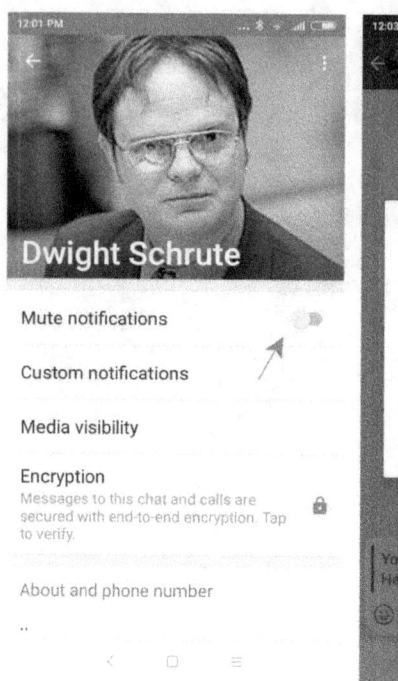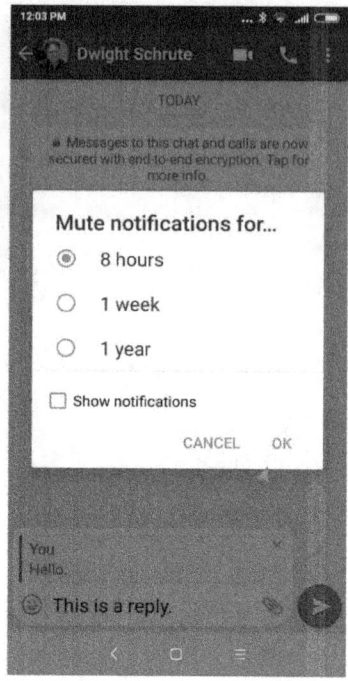

NOTIFICAÇÕES DE BATE-PAPO PERSONALIZADAS

O WhatsApp permite que você tenha notificações personalizadas para cada contato, permitindo que você saiba se seu melhor amigo está ligando para você ou para seu chefe apenas com o som do toque!

Iphone:

No seu iPhone, clique na guia "Contatos" e selecione o contato para o qual deseja notificações personalizadas. Selecione a opção "Notificações personalizadas" e selecione o toque que deseja definir para esse contato.

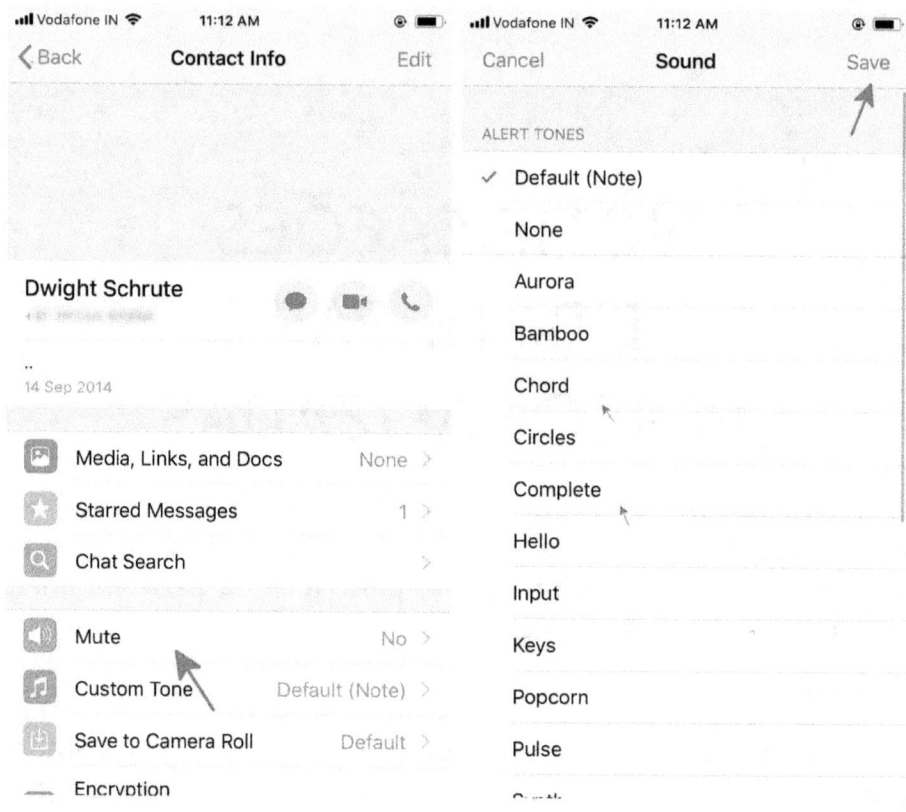

Android:

No seu telefone Android, para fazer isso, você precisa selecionar o contato ao qual deseja atribuir um toque personalizado no menu de bate-papo. No chat clique no nome do seu contato e selecione "Notificações personalizadas" Clique na caixa ao lado de "usar notificações personalizadas" para habilitar esse recurso.

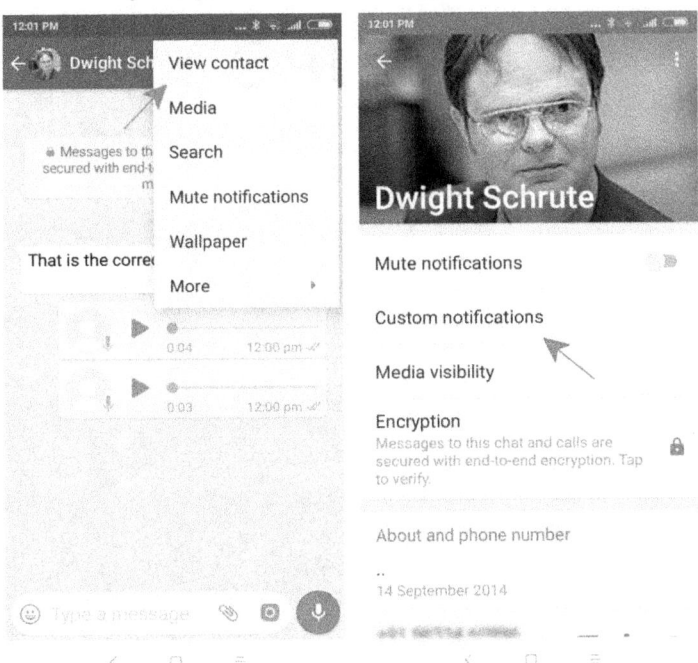

CONVERSA EM GRUPO

COMO FAÇO PARA CRIAR UM GRUPO NO WHATSAPP?

Você tem amigos que gostam de assistir filmes dos anos 80 ou amigos que são fãs de rock clássico? Não seria divertido se você pudesse ter todos esses amigos juntos para discutir seu interesse comum? É exatamente aqui que o Chat em Grupo entra em cena!

Iphone:

Para configurar um novo bate-papo em grupo no seu iPhone, clique no botão Bate-papo na parte inferior da tela. Aqui, clique no botão "Novo grupo" no canto superior direito da tela. A partir daqui você pode selecionar o nome do grupo e a foto do grupo. Adicione todos os contatos que deseja adicionar ao grupo. A pessoa que cria o grupo é o Admin, que pode adicionar mais membros ou remover membros existentes do grupo.

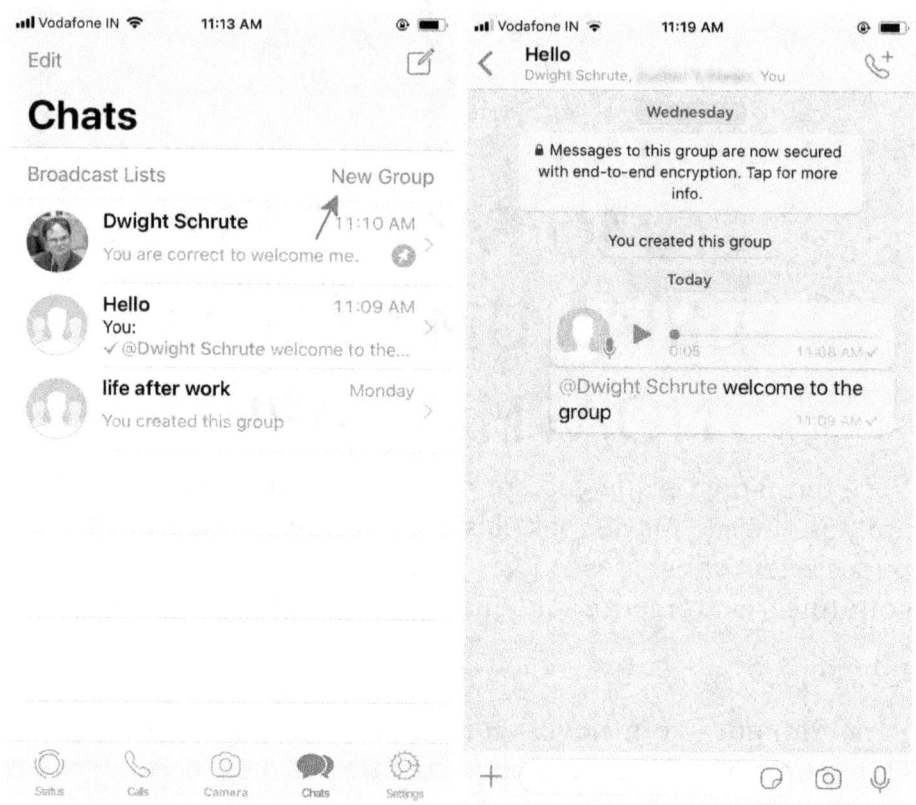

Android:

Para configurar um novo bate-papo em grupo em seu smartphone Android, clique no menu de 3 botões no canto superior direito da tela ou no botão verde no canto inferior direito da tela de bate-papo e clique em "Novo grupo" para configurar um novo grupo . A partir daqui você pode selecionar o nome do grupo e a foto do grupo. Adicione todos os contatos que deseja adicionar ao grupo. A pessoa que cria o grupo é o Admin, que pode adicionar mais membros ou remover membros existentes do grupo.

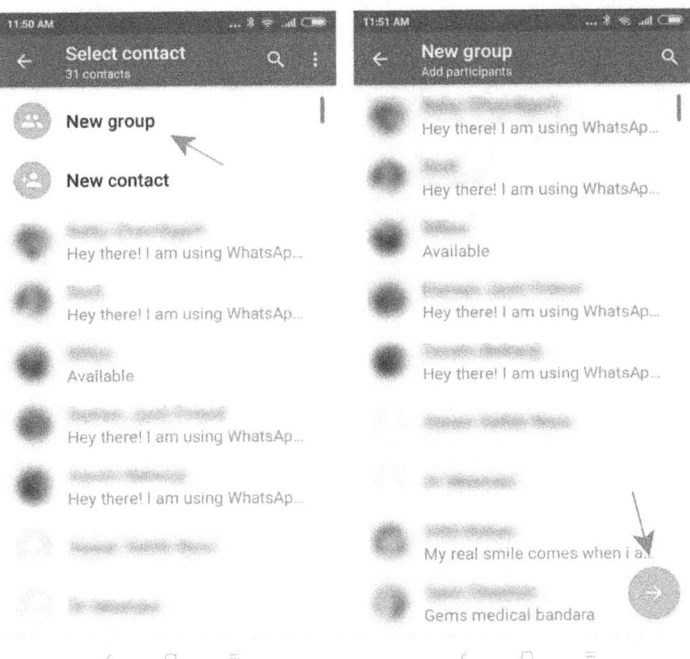

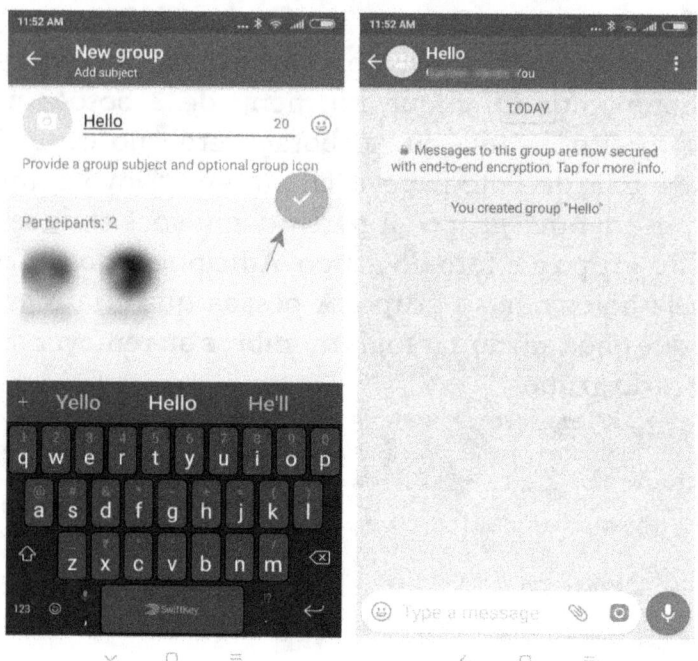

ALTERAR ADMINISTRADOR DO GRUPO

O administrador está muito ocupado para adicionar e excluir contatos do grupo. O administrador pode nomear outra pessoa como administrador?

Sim, o administrador pode tornar qualquer pessoa o administrador do grupo. Na verdade, ele / ela pode tornar várias pessoas o administrador do grupo. Se você for o administrador do grupo, clique nas informações do grupo e clique no contato que deseja tornar administrador. No menu que aparece, você pode selecionar "Tornar administrador" para tornar esse contato o administrador do grupo.

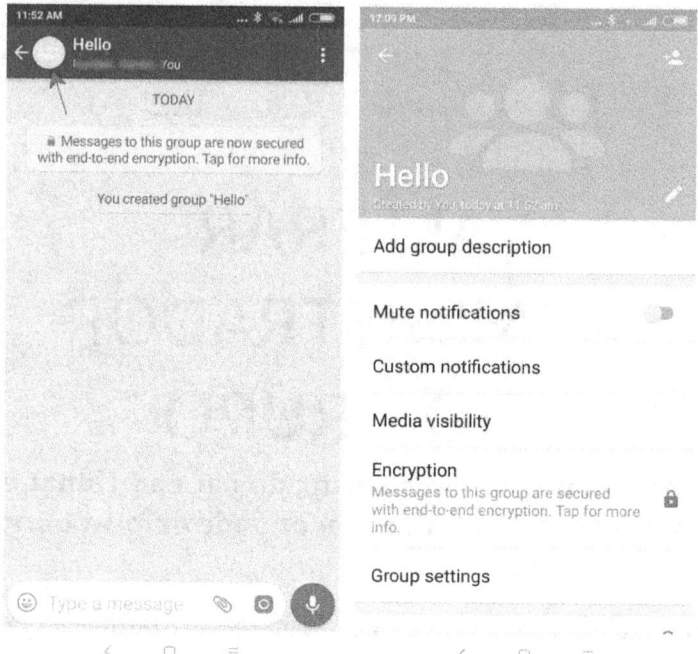

MARCANDO UM CONTATO EM UM BATE-PAPO EM GRUPO

Ao conversar em um bate-papo em grupo, você pode marcar qualquer contato no grupo simplesmente digitando @ seguido do nome do contato Por exemplo, se Josh fizer parte do seu grupo Meetup de fim de semana e você quiser dizer especificamente a John para trazer a comida, basta digitar "@John Por favor, traga comida para nós, almas famintas!" John recebe uma notificação separada no bate-papo em grupo que o informa que ele foi marcado e pode pular diretamente para essa mensagem.

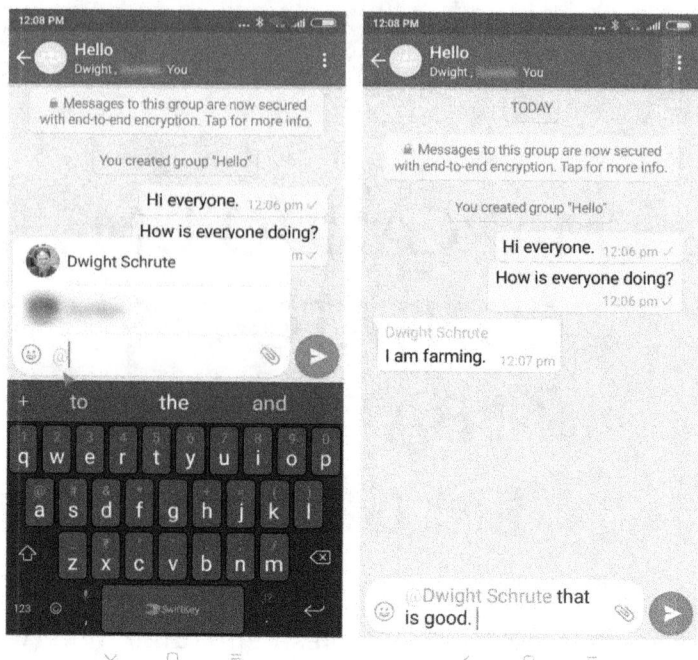

Adicione ou exclua contatos em um grupo do WhatsApp.

No menu de informações do grupo, você também pode excluir o contato do grupo clicando no contato que deseja excluir e selecionando a opção remover contato no menu que aparece.

Na mesma tela você pode clicar em "Adicionar participantes" para adicionar contatos ao grupo.

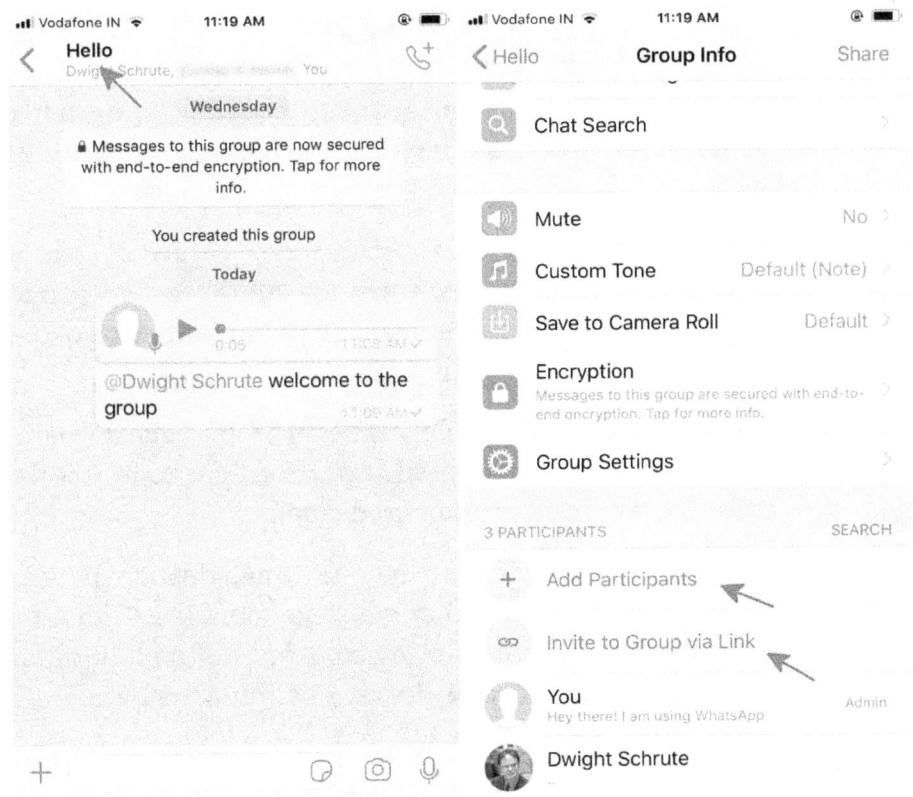

SILENCIAR NOTIFICAÇÕES DE GRUPO

Meus amigos me adicionaram a tantos grupos!!! Não aguento mais as centenas de notificações!! Como faço para parar as notificações?!

Não se preocupe, interromper as notificações para bate-papos em grupo é muito simples e nenhum dos membros do grupo saberá disso. O processo de silenciar um chat em grupo é o mesmo que silenciar um chat individual.

Os bate-papos não lidos ainda permanecerão na tela de bate-papo, embora você não receba nenhuma notificação adicional quando o contato enviar uma nova mensagem.

Para silenciar as notificações no seu iPhone, deslize para a esquerda no bate-papo em grupo que deseja silenciar. Clique no botão "Mais" para revelar a opção Mudo. Aqui você pode optar por silenciar as notificações por 8 horas, 1 semana ou 1 ano.

Para silenciar as notificações em seu smartphone Android, clique no chat em grupo que deseja silenciar. Clique no menu de 3 botões no canto superior direito da tela e clique no botão "Silenciar notificações". Aqui você pode optar por silenciar as notificações por 8 horas, 1 semana ou 1 ano.

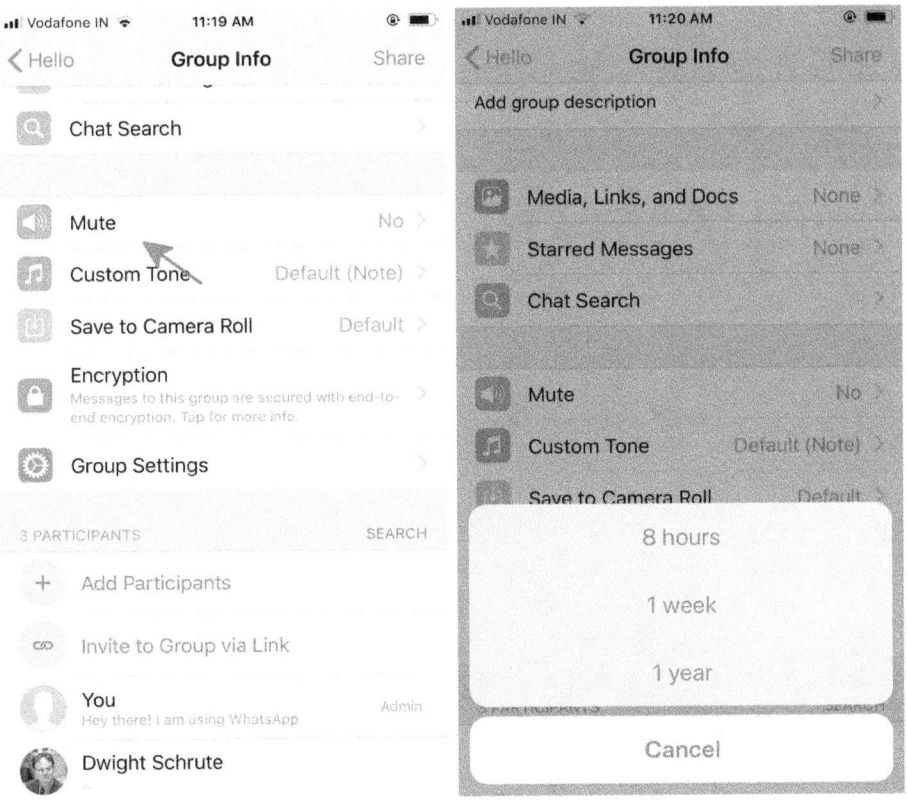

CHAMADA WHATSAPP

O QUE É A CHAMADA DO WHATSAPP?

A chamada do WhatsApp é um serviço que permite que pessoas em qualquer lugar do mundo conversem umas com as outras via internet. Você pode conversar com até 4 pessoas ao mesmo tempo e isso pode ser feito por chamada de áudio ou vídeo. Além do custo de uso de dados, não há custo adicional associado a este serviço.

Então você pode estar sentado na Inglaterra e seu amigo pode estar sentado na Austrália e vocês podem ter uma conversa grátis!!

COMO AS CHAMADAS DO WHATSAPP SÃO DIFERENTES DAS CHAMADAS TELEFÔNICAS PADRÃO?

As chamadas telefônicas padrão têm um custo cobrado pela operadora por cada minuto de ligação realizado. Existem custos adicionais de roaming quando você não está em seu país ou estado de origem ou se deseja ligar para alguém fora de seu país. É aqui que as chamadas do WhatsApp são úteis. Você só precisa de uma conexão com a internet para fazer uma chamada.

O WhatsApp também oferece um processo muito conveniente de videochamadas com até 4 amigos simultaneamente. Além disso, as chamadas do WhatsApp permitem que você faça uma chamada de vídeo para qualquer pessoa, independentemente do telefone que ela usa, desde que tenha o WhatsApp instalado. Os usuários do iPhone podem ligar para os usuários do Android e vice-versa e, claro, os usuários do iPhone podem, os usuários do iPhone e os usuários do Android podem ligar para os usuários do Android.

FAZENDO UMA CHAMADA NO WHATSAPP

Ok, estou pronto para chamar meu amigo no WhatsApp. Como faço isso?

Iphone:

No seu iPhone, abra o WhatsApp e navegue até o amigo para quem deseja ligar. Você pode fazer isso de três maneiras.

1. Selecionando sua conversa de texto com esse amigo e clicando no logotipo do telefone para o topo da tela. Isso iniciará uma chamada de áudio. Para iniciar uma videochamada, você precisa clicar no ícone do gravador de câmera à esquerda do ícone do telefone

2. Selecionando o ícone do telefone na parte inferior da tela para levá-lo à guia de chamadas e selecionando o ícone do telefone na tela localizada no canto superior direito. Isso abre sua lista de contatos, na qual você pode selecionar o contato com o qual deseja iniciar uma chamada de áudio.

3. Ao clicar na imagem de exibição do seu amigo na guia Bate-papo, que oferece opções para selecionar o botão do telefone para iniciar uma chamada de áudio e o botão da câmera de vídeo para iniciar uma chamada de vídeo

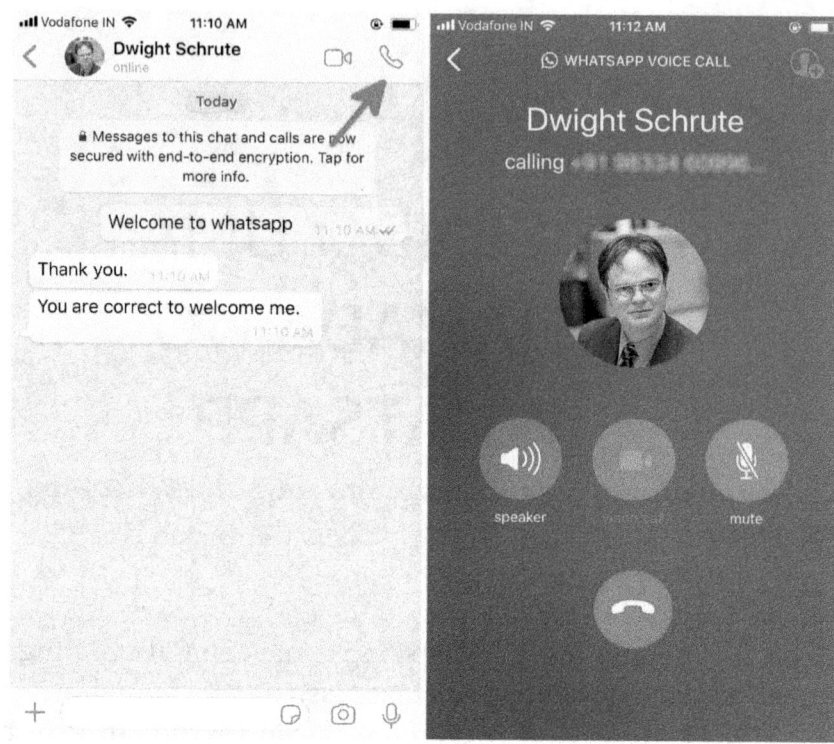

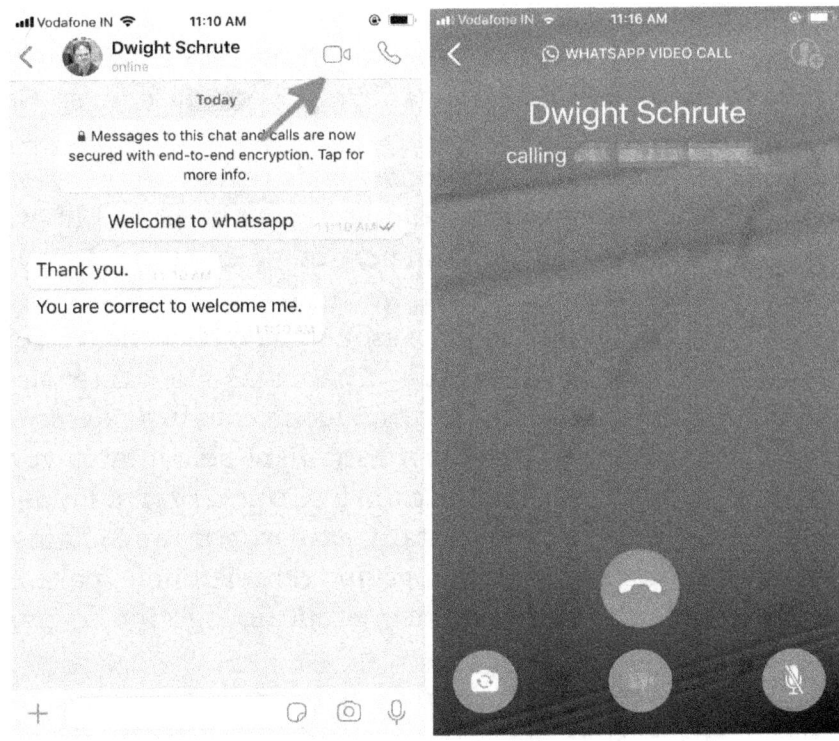

Android:

No seu telefone Android, abra o WhatsApp e navegue até o amigo para quem deseja ligar. Você pode fazer isso de três maneiras:

1. Selecionando sua conversa de texto com esse amigo e clicando no logotipo do telefone na parte superior da tela. Isso iniciará uma chamada de áudio. Para iniciar uma videochamada, você precisa clicar no ícone do gravador de câmera à esquerda do ícone do telefone

2. Ao selecionar a guia Chamadas no canto superior direito da tela e clicar no ícone com um telefone e um símbolo '+'. Isso abrirá sua lista de contatos com um logotipo de telefone e um logotipo de gravador de vídeo ao lado de cada contato. Para iniciar uma chamada de áudio, selecione o logotipo do telefone e, para iniciar uma chamada de vídeo, clique no logotipo do gravador de vídeo.

3. Ao clicar na imagem de exibição do seu amigo na guia Bate-papo, que oferece opções para selecionar o botão do telefone para iniciar uma chamada de áudio e o botão da câmera de vídeo para iniciar uma chamada de vídeo

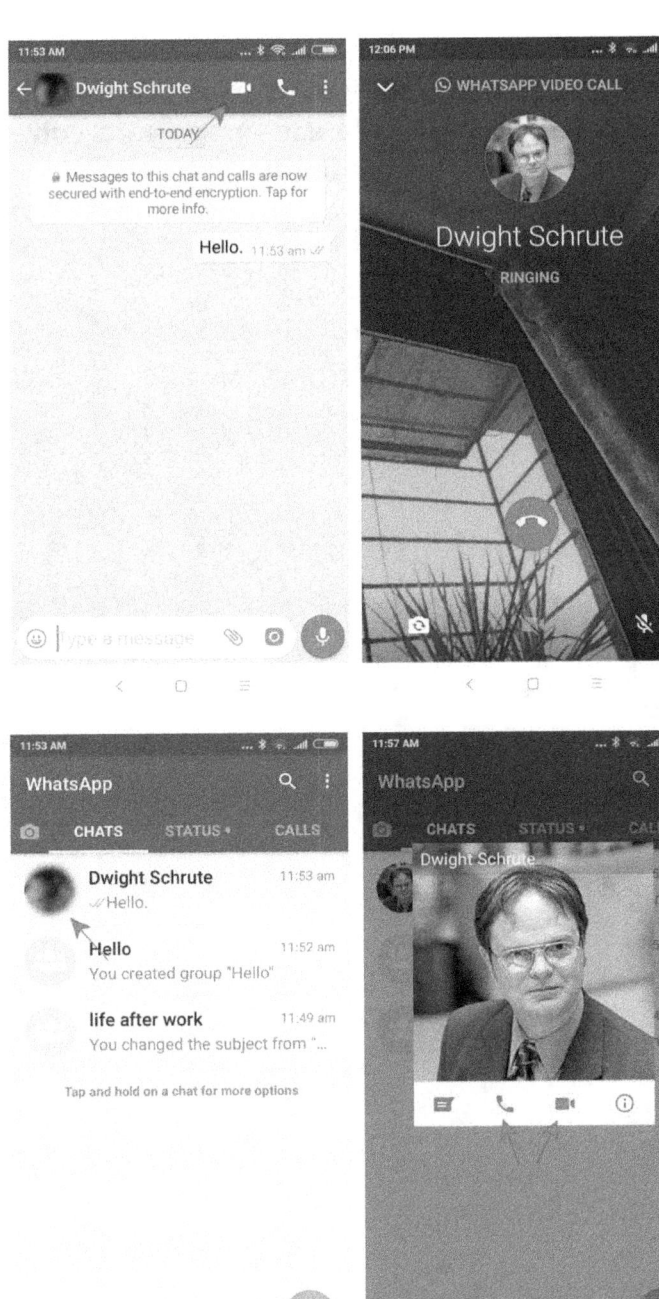

Parabéns, você ligou com sucesso para o seu amigo. Agora, com base em quão feliz ou zangado seu amigo está com você no momento em que a ligação será feita!

RECEBER UMA CHAMADA DE ÁUDIO OU UMA CHAMADA DE VÍDEO

Iphone:

No seu iPhone, há algumas coisas que você pode fazer enquanto recebe uma chamada. Quando você recebe uma chamada, há quatro botões nos quais você pode clicar: Lembre-me, Mensagem, Aceitar e Recusar

Para aceitar uma chamada recebida do WhatsApp, você deve clicar no botão verde acima de Aceitar. Da mesma forma, para recusar uma chamada, você precisa pressionar o botão vermelho.

Se você estiver ocupado e não puder atender a chamada naquele momento, poderá selecionar a opção Mensagem. Isso permite que você rejeite a chamada recebida e envie uma mensagem predefinida ou uma mensagem personalizada de sua escolha para seu amigo, informando-o de que você está ocupado no momento e não pode falar agora.

Android:

No seu telefone Android, você pode receber uma chamada deslizando para cima no botão verde aceitar no centro da tela. Você pode rejeitar a chamada deslizando para cima no botão vermelho de recusa à esquerda da tela. Se você estiver ocupado e quiser enviar ao seu amigo uma mensagem rápida indicando o mesmo, você pode deslizar o dedo no botão de mensagem à direita da tela.

VOLTANDO PARA MENSAGENS

Estou conversando com um amigo e quero voltar às minhas mensagens do WhatsApp. Posso fazer isso enquanto falo com meu amigo na chamada do WhatsApp?

Meu amigo multitarefa, é claro que você pode! Ao falar com seu amigo, há um botão 'Mensagem' no qual você pode clicar para pular para a janela de bate-papo enquanto fala com seu amigo. Você pode voltar para a guia Bate-papo e começar a enviar mensagens para qualquer um de seus amigos enquanto continua sua conversa atual.

Iphone:

No seu iPhone, basta clicar na seta no canto superior esquerdo da tela durante a chamada do WhatsApp para voltar à tela de bate-papo.

Android:

No seu telefone Android, basta pressionar o botão Voltar durante uma chamada do WhatsApp para voltar às suas mensagens. Você pode pressionar a barra verde na parte superior para voltar à chamada do WhatsApp quando necessário. Há uma guia verde na parte superior da tela se você quiser voltar ao menu de chamadas do WhatsApp.

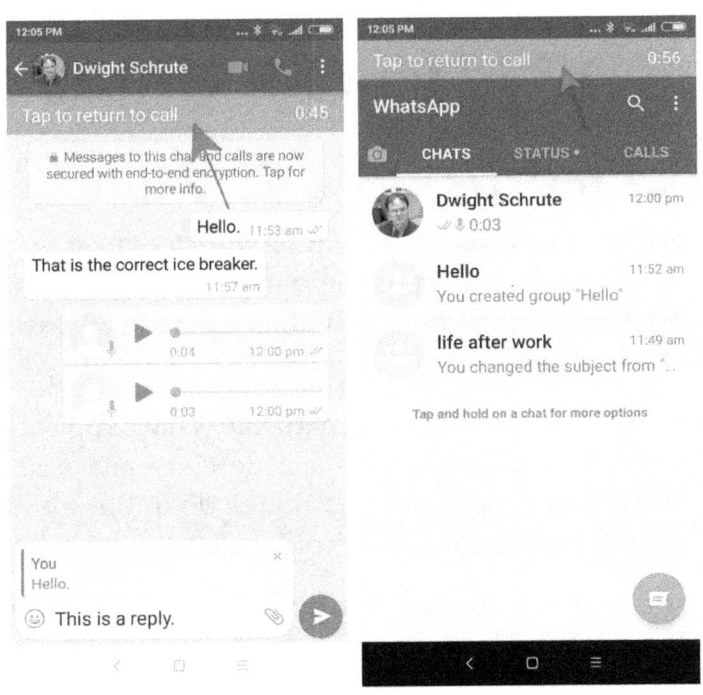

ALTERNAR ENTRE UMA CHAMADA DE ÁUDIO E UMA CHAMADA DE VÍDEO

E se eu estiver em uma chamada de áudio com meu amigo e quiser ver seu lindo rosto por meio de uma chamada de vídeo? Preciso encerrar a ligação e a videochamada novamente ou existe outra forma?

Você não precisa encerrar a chamada. O WhatsApp fornece um botão de chamada de vídeo na tela de chamada que permite alternar perfeitamente entre chamadas de áudio e vídeo. Isso está disponível em telefones Android e iPhones.

Junto com isso, você também pode silenciar a chamada e encerrá-la na mesma tela.

CHAMADA EM GRUPO

Agora, se você está se perguntando se pode falar com mais de 1 amigo ao mesmo tempo, você pode definitivamente fazer isso!

Na verdade, você pode fazer chamadas de áudio ou vídeo para até 4 amigos ao mesmo tempo. Aqui está como você faz isso. Você inicia uma chamada de áudio ou vídeo com um amigo seu, conforme descrito anteriormente. A partir daqui, qualquer um de vocês pode adicionar amigos à chamada clicando no botão de chamada em conferência (botão com um rosto e botão +) e adicionando o amigo que desejar à chamada em grupo. A tela se divide em duas, três ou quatro partes para mostrar todos os seus amigos na chamada em grupo e você pode conversar alegremente com todos os seus amigos sentados em qualquer lugar do mundo.

MODO DE BAIXO
NÍVEL DE DADOS:

Tenho dados limitados no meu plano e não tenho a conexão de internet mais rápida em todos os lugares. As chamadas do WhatsApp ainda funcionarão?

Sim, as chamadas do WhatsApp funcionam bem em conexões de dados lentas. As chamadas do WhatsApp funcionam bem mesmo em conexões 2G. Na verdade, existe uma opção para você usar menos dados durante a chamada do WhatsApp. Nas configurações em Uso de dados e armazenamento, você pode selecionar a opção Baixo uso de dados, que reduz o uso de dados quando você não está conectado ao Wi-Fi

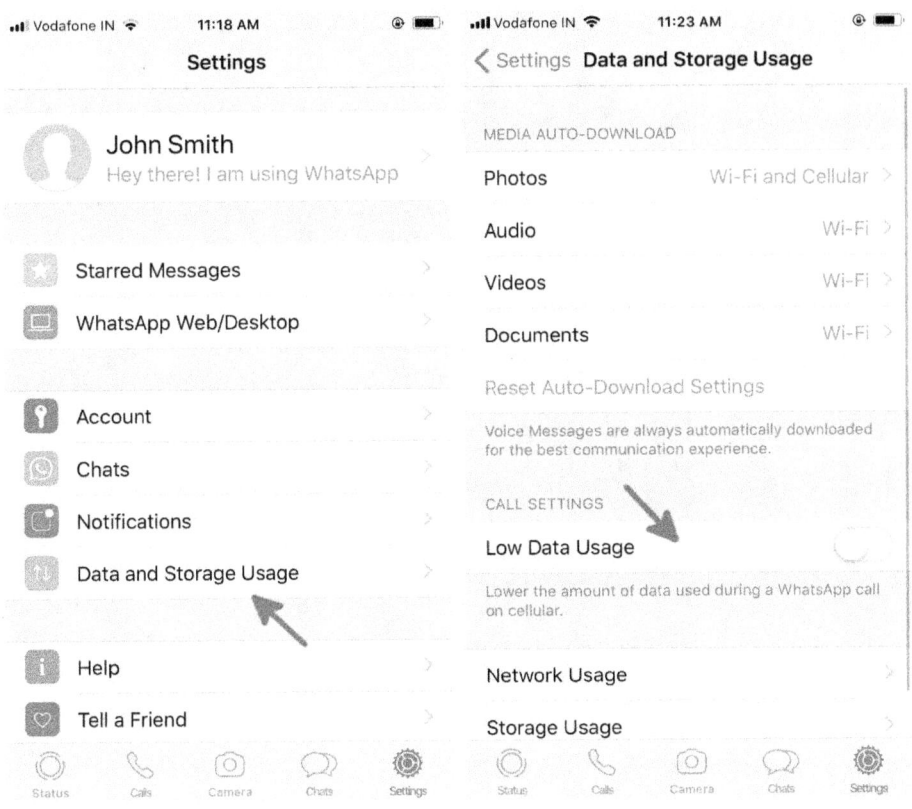

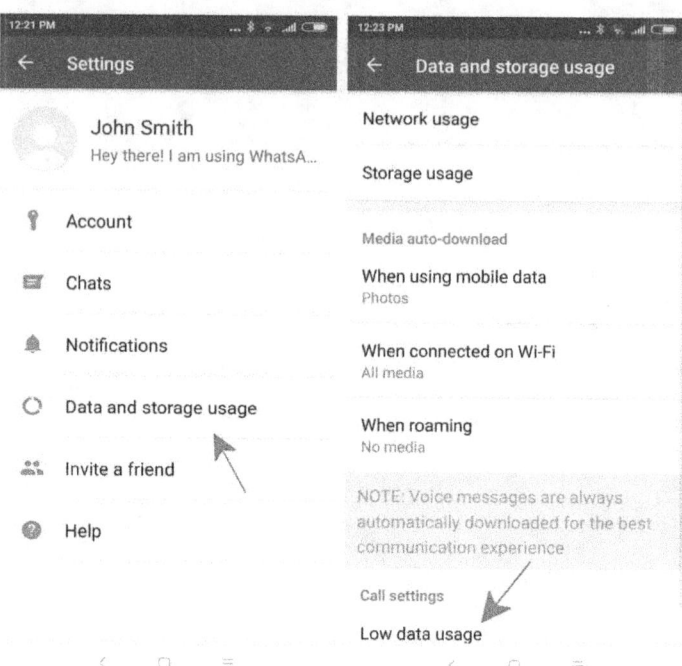

REGISTRO DE CHAMADAS PERDIDAS

Onde posso ver minhas chamadas não atendidas, chamadas recebidas e chamadas feitas por mim?

Em seu iPhone, selecione a guia Chamadas na parte inferior da tela. Em um telefone Android, essa guia está localizada na parte superior da tela, à direita da guia Status. Aqui você pode ver as chamadas perdidas indicadas pela seta vermelha apontando para dentro, as chamadas recebidas indicadas por uma seta verde apontando para dentro e as chamadas feitas por uma seta verde apontando para fora

Você pode clicar nos três botões na parte superior da tela e selecionar Clear Log para limpar todas as chamadas nesta tela

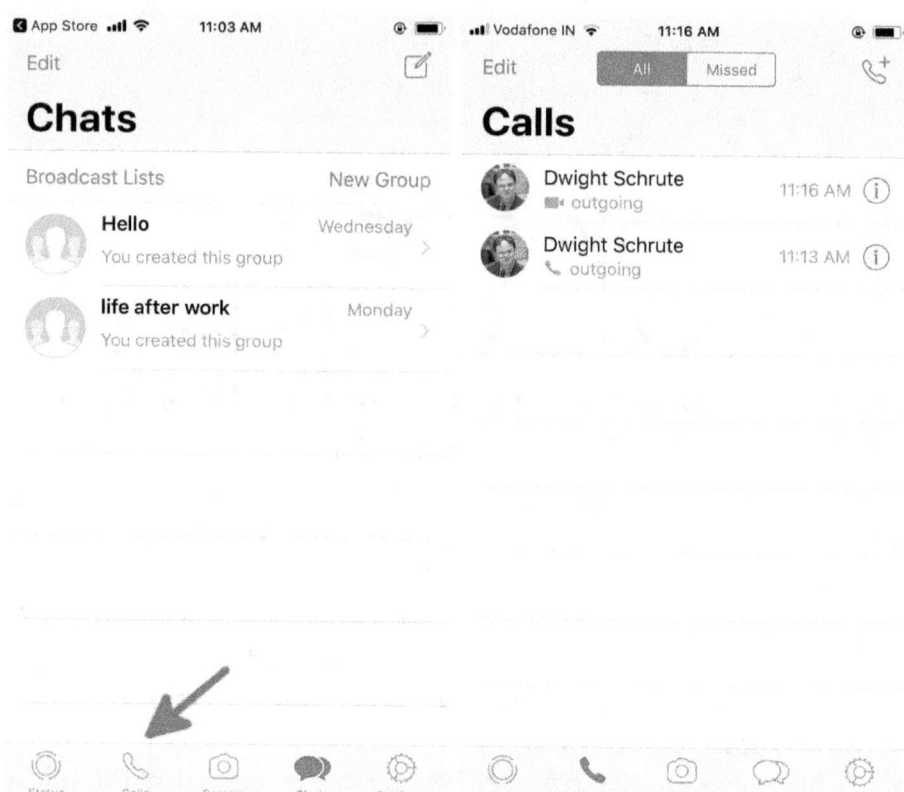

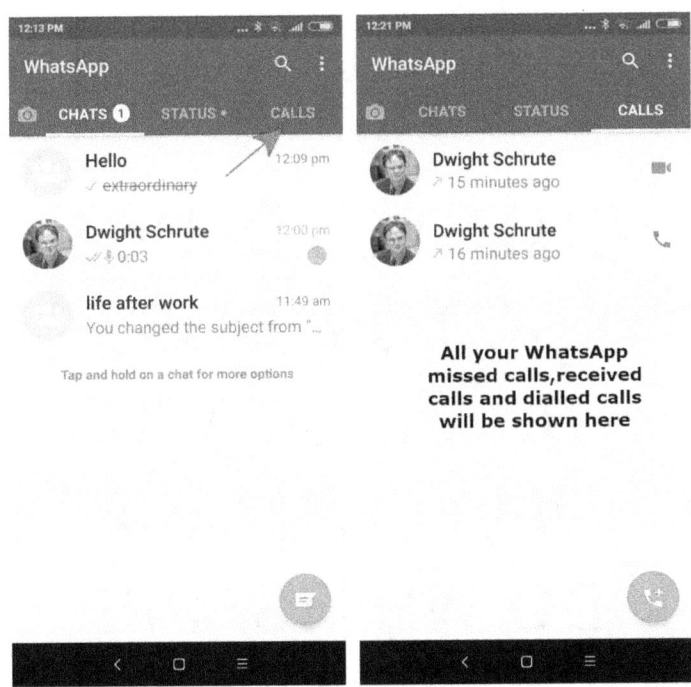

All your WhatsApp missed calls,received calls and dialled calls will be shown here

QUANTOS DADOS SÃO USADOS QUANDO FAÇO UMA CHAMADA DO WHATSAPP?

Chamada de áudio do WhatsApp de 5 minutos (2 participantes): 1,4 MB

Chamada de áudio do WhatsApp de 5 minutos (3 participantes): 1,5 MB

Chamada de áudio do WhatsApp de 5 minutos (4 participantes): 3,1 MB

Chamada de vídeo do WhatsApp de 5 min (2 participantes): 25 MB

Chamada de vídeo do WhatsApp de 5 min (3 participantes): 30 MB

Chamada de vídeo do WhatsApp de 5 min (4 participantes): 31 MB

Baixo uso de dados ativado:

Chamada de áudio do WhatsApp de 5 minutos (2 participantes): 1,0 MB

Chamada de áudio do WhatsApp de 5 minutos (3 participantes): 1,3 MB

Chamada de áudio do WhatsApp de 5 minutos (4 participantes): 2,6 MB

Chamada de vídeo do WhatsApp de 5 min (2 participantes): 23 MB

Chamada de vídeo do WhatsApp de 5 min (3 participantes): 25 MB

Chamada de vídeo do WhatsApp de 5 min (4 participantes): 28 MB

* Por favor, use os dados acima como dados aproximados que serão usados ao fazer uma chamada do WhatsApp

ALTERAR TOQUE

Existe uma maneira de alterar meu toque para chamadas do WhatsApp?

No seu telefone Android, para alterar o toque das suas chamadas do WhatsApp, você precisa acessar o menu de configurações do WhatsApp. No menu de configurações, selecione "Notificações". Role para baixo até Toque e selecione-o para escolher em uma lista de toques. Você pode visualizar o toque quando clicar no toque.

Junto com isso, você também pode alterar as configurações de vibração ao receber uma chamada do WhatsApp. Você pode manter a vibração padrão, desligada, vibração curta ou vibração longa conforme sua escolha.

TOQUES DE BATE-PAPO PERSONALIZADOS

Você sabia que pode selecionar diferentes toques do WhatsApp para diferentes contatos?

O WhatsApp permite que você tenha notificações personalizadas para cada contato, permitindo que você saiba se seu melhor amigo está ligando para você ou para seu chefe apenas com o som do toque!

Iphone:

No seu iPhone, clique na guia "Contatos" e selecione o contato para o qual deseja notificações personalizadas. Selecione a opção "Notificações personalizadas" e selecione o toque que deseja definir para esse contato.

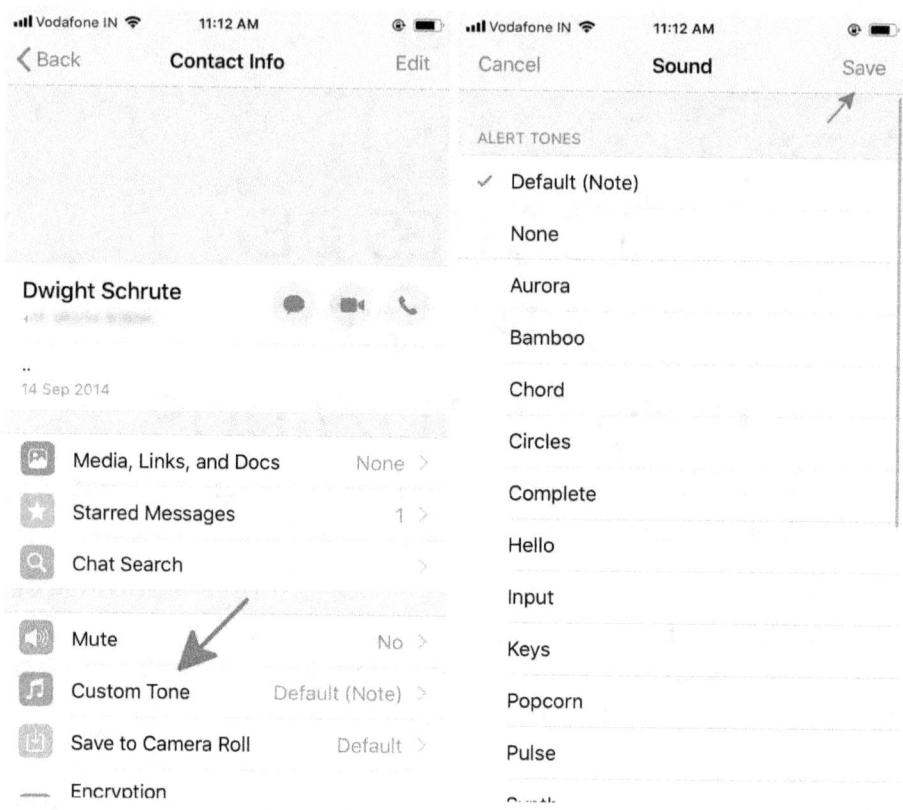

Android:

No seu telefone Android, para fazer isso, você precisa selecionar o contato ao qual deseja atribuir um toque personalizado no menu de bate-papo. No chat clique no nome do seu contato e selecione "Notificações personalizadas" Clique na caixa ao lado de "usar notificações personalizadas" para habilitar esse recurso. Agora você pode selecionar as configurações de toque e vibração para este contato específico.

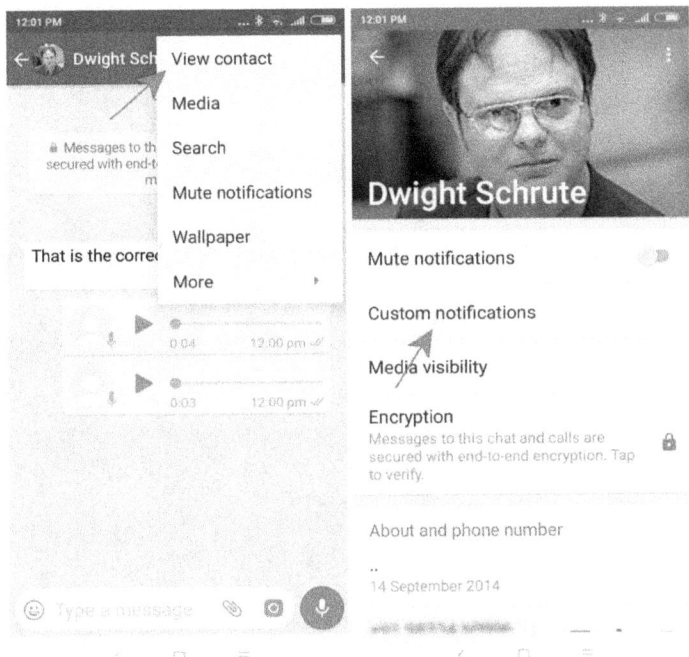

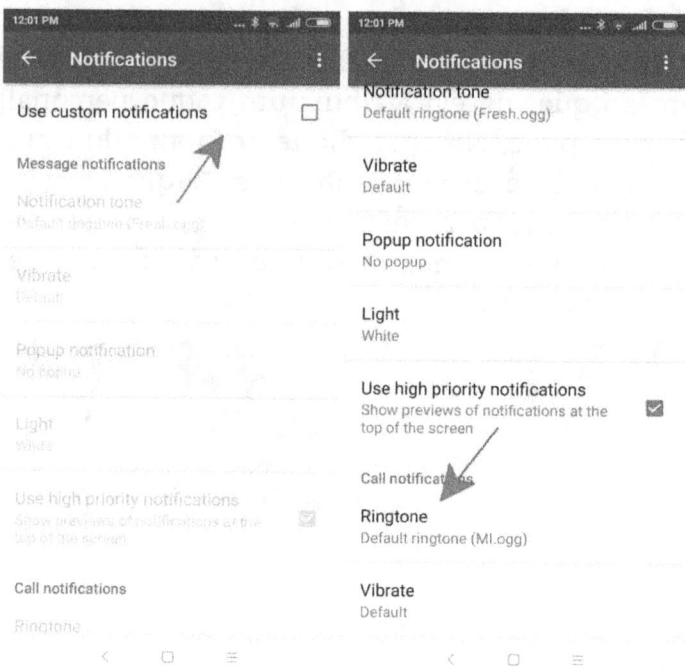

ATUALIZAÇÃO DE STATUS DO WHATSAPP

O Status do WhatsApp começou como uma frase que todos os seus contatos podiam ver através da qual você poderia compartilhar seu humor ou estado de espírito atual. Ele cresceu para muito mais do que isso agora. Agora você pode usar fotos, vídeos e até GIFs para compartilhar os acontecimentos do seu dia. A atualização de status desaparece 24 horas. desde o momento da postagem. A atualização do status do WhatsApp é efetivamente histórias do Instagram para o WhatsApp.

COMO FAÇO PARA DEFINIR MEU STATUS DO WHATSAPP?

Iphone:

Em um iPhone, você acessa a tela de atualização de status clicando no botão de status no canto inferior esquerdo. Você pode clicar em Meu status ou no logotipo da câmera à direita para adicionar uma foto, vídeo ou GIF como atualização de status.

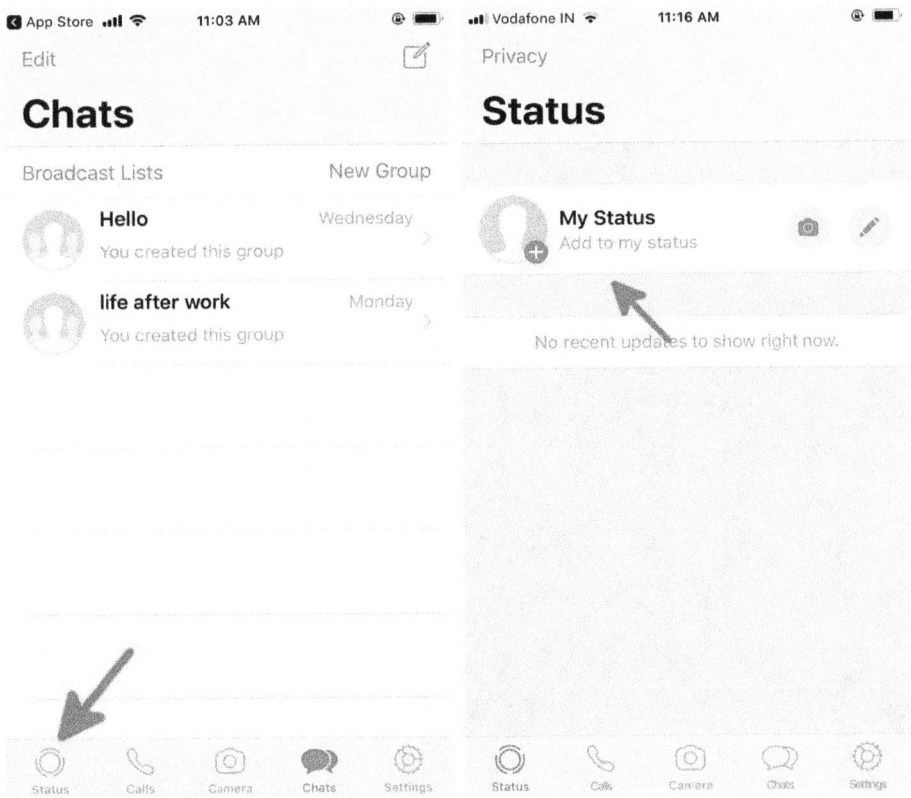

Você pode clicar em uma nova foto ou vídeo ou pode selecionar uma foto ou vídeo da galeria do telefone. Você pode editar a foto/vídeo, adicionar emojis, escrever texto e até rabiscar nele. Você também pode usar a caixa "adicionar legenda" para adicionar uma legenda à atualização de status.

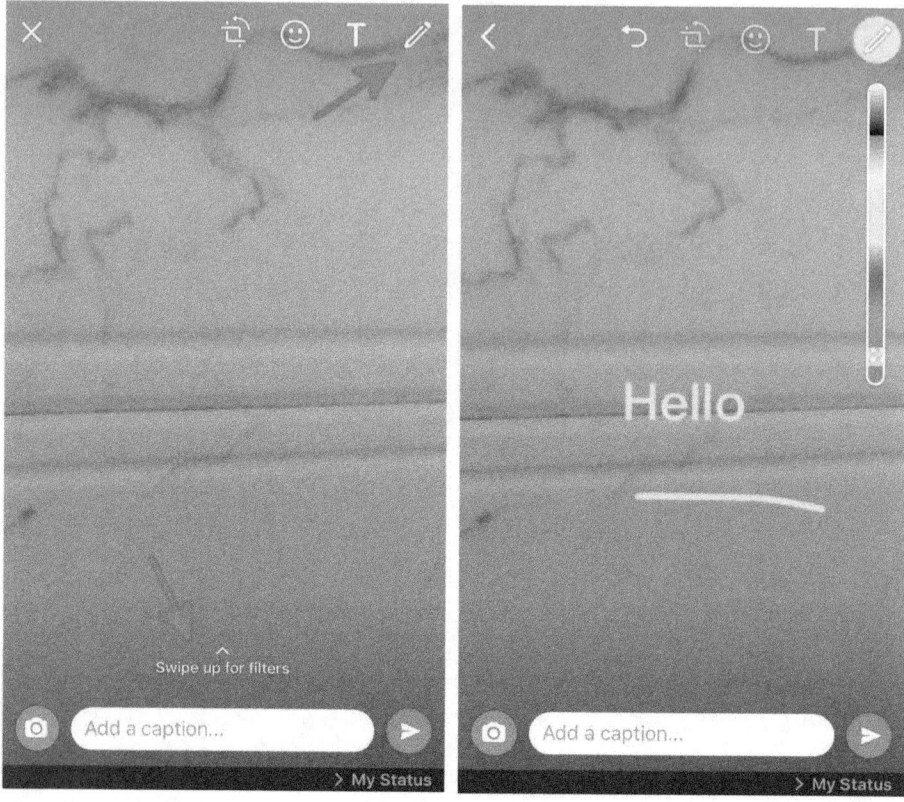

Você pode adicionar filtros à sua foto deslizando para cima na tela. Para vídeos, você pode converter o vídeo em GIF clicando no botão GIF na parte superior da tela de edição.

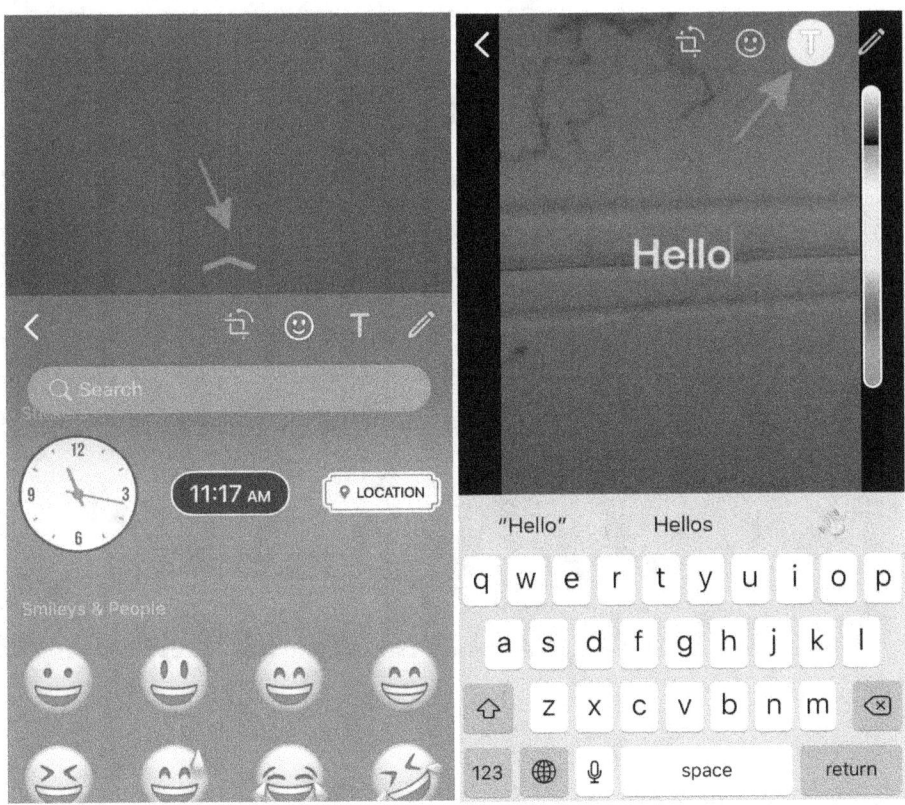

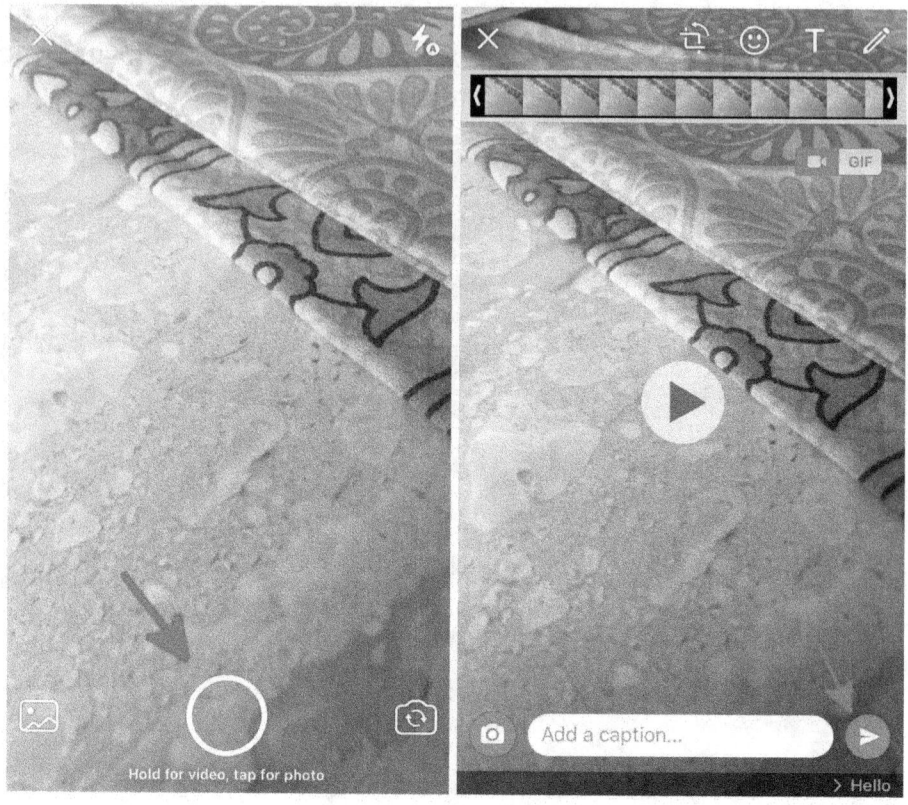

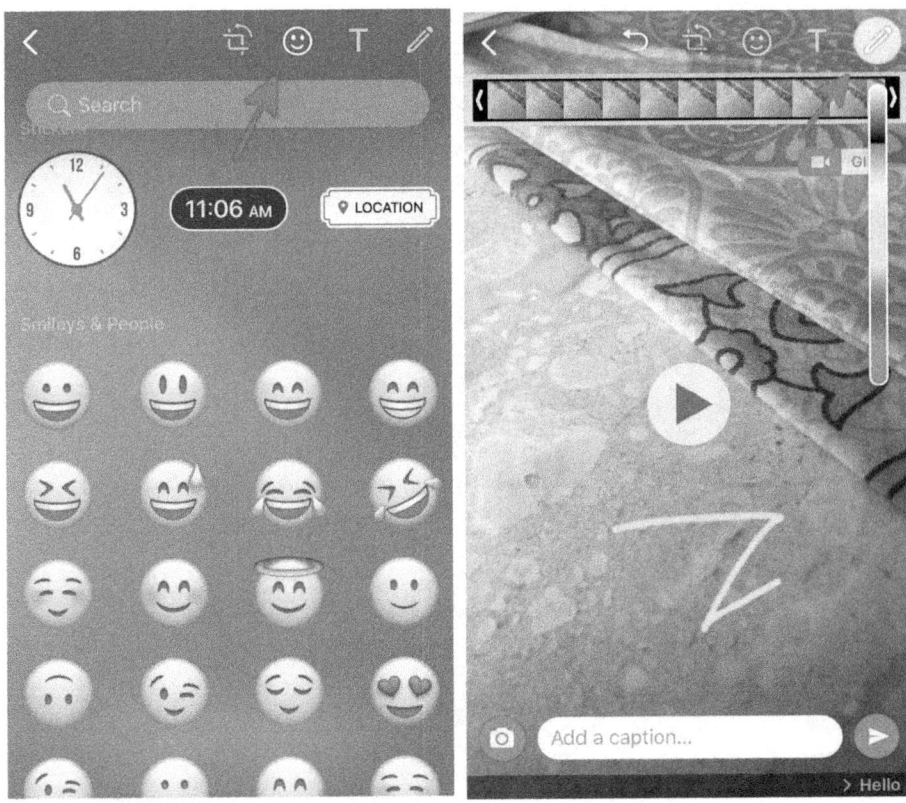

Para adicionar apenas texto à sua atualização de status, você pode selecionar o botão de lápis à direita do botão Meu status. Você pode alterar a fonte do texto, alterar o plano de fundo do texto e também adicionar emojis à atualização de status do texto.

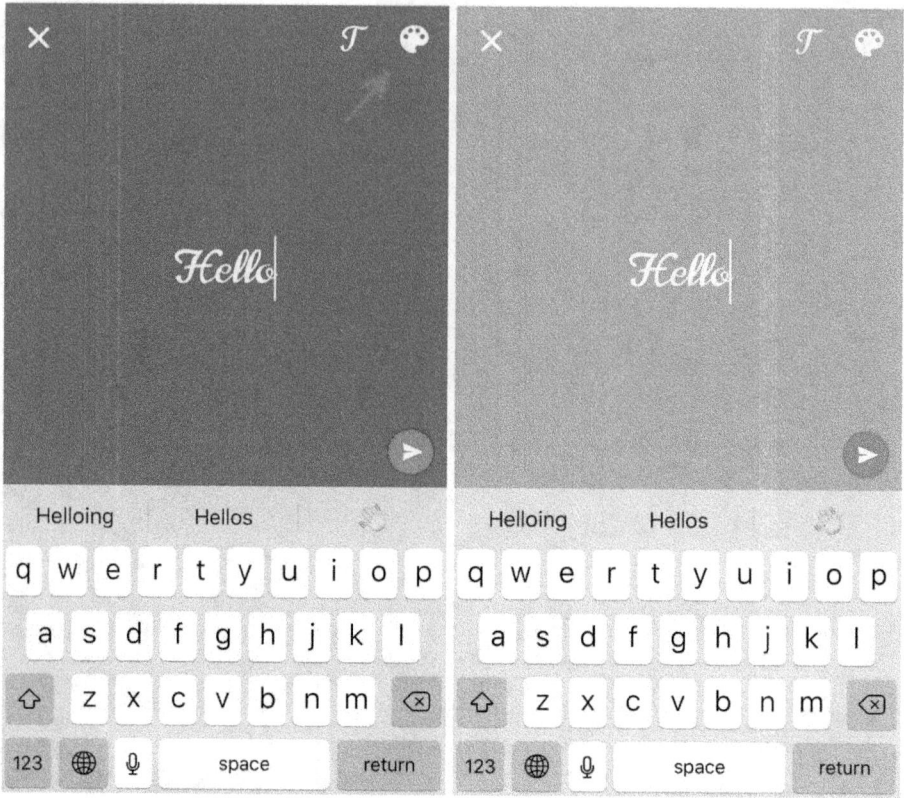

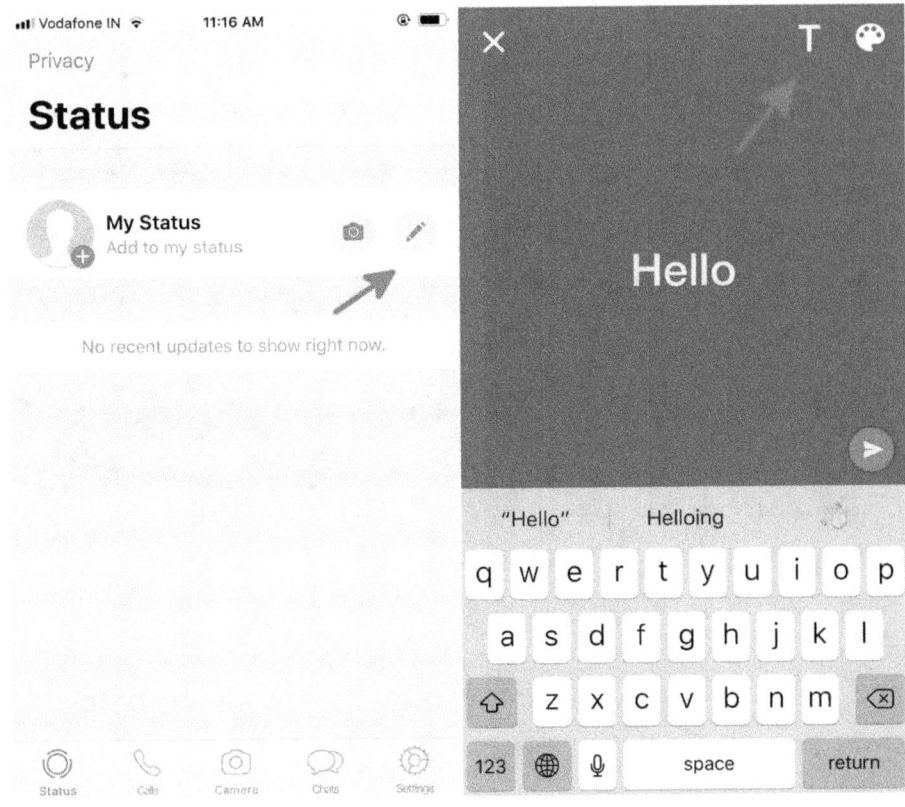

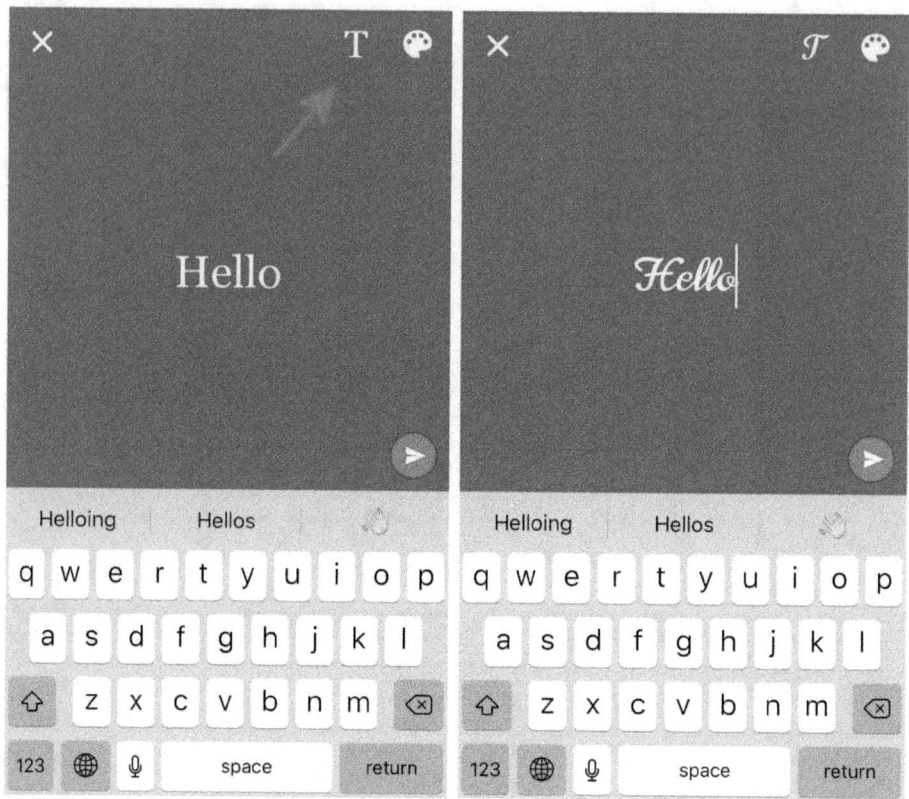

Android:

No seu smartphone Android, clique na guia Status ao lado da guia Bate-papo na parte superior da tela. A partir desta tela, existem algumas maneiras pelas quais você pode atualizar seu status do WhatsApp.

Para adicionar uma foto ou vídeo como seu status, você pode tocar no botão "Meu status" ou tocar no botão da câmera no canto inferior direito. A partir daqui, você pode selecionar uma foto ou vídeo de sua galeria e defini-la como sua atualização de status. Você pode editar a foto/vídeo, adicionar emojis, escrever texto e até rabiscar nele. Você também pode usar a caixa "adicionar legenda" para adicionar uma legenda à atualização de status. Para vídeos, você pode converter o vídeo em GIF clicando no botão GIF na parte superior da tela de edição.

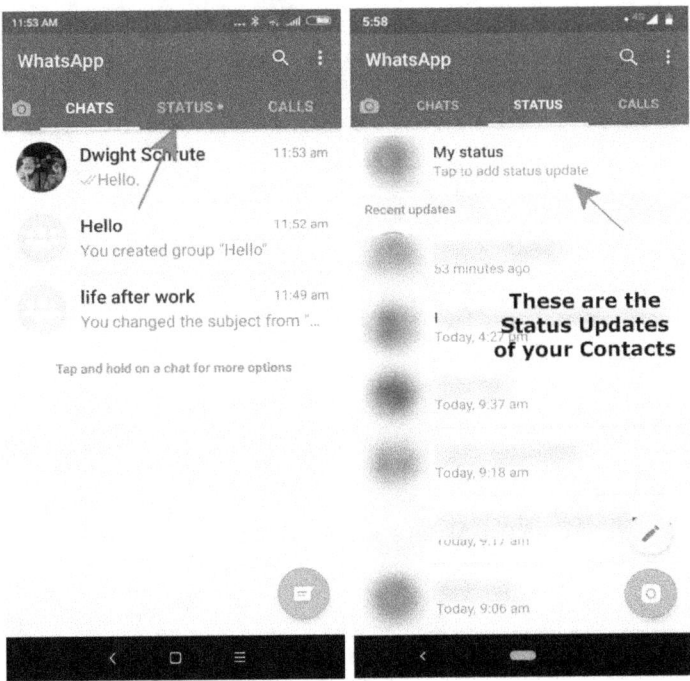

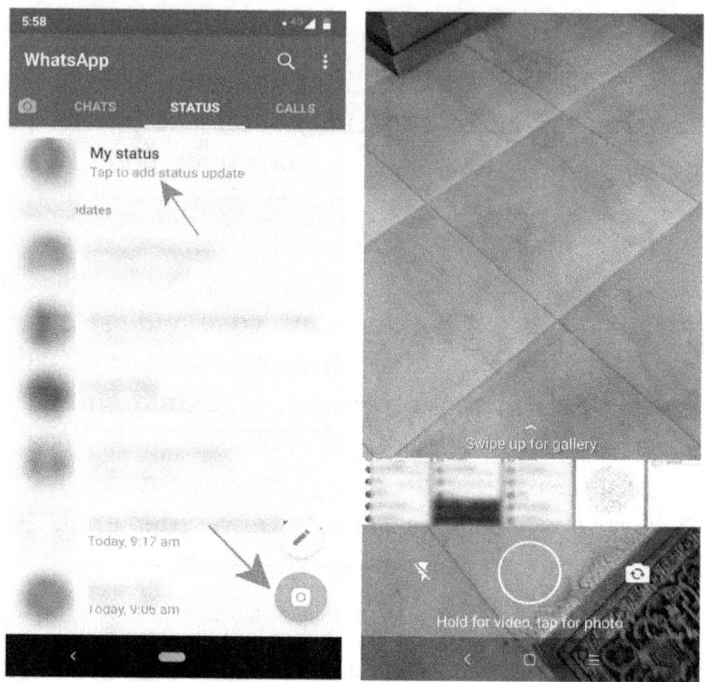

Para adicionar apenas texto à sua atualização de status, você pode selecionar o botão de lápis no canto inferior direito da tela de status. Você pode alterar a fonte do texto, alterar o plano de fundo do texto e também adicionar emojis à atualização de status do texto.

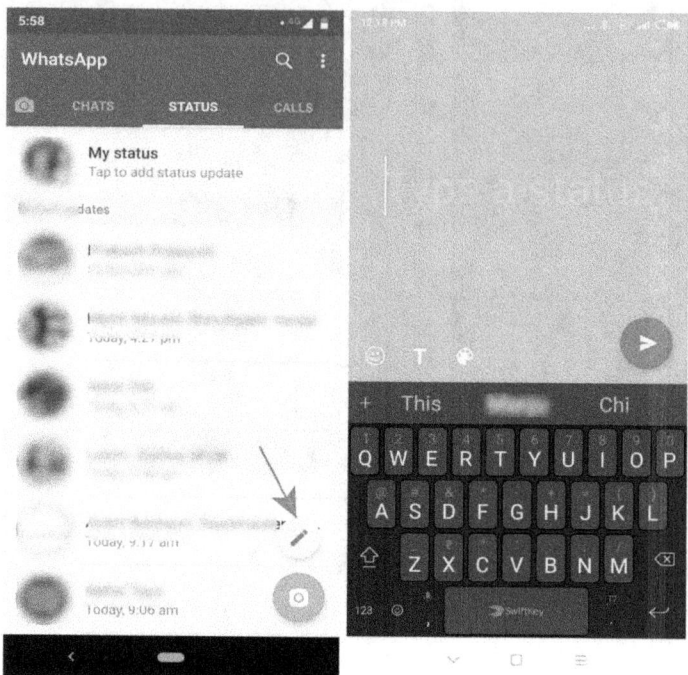

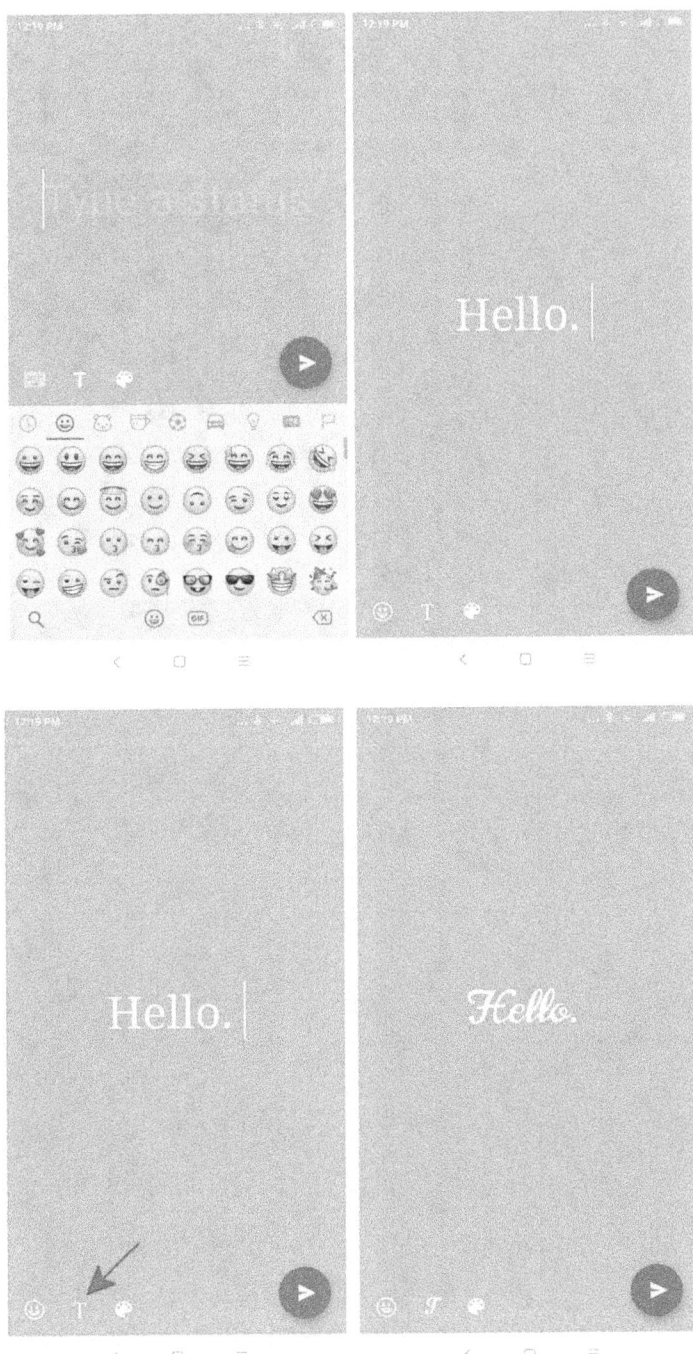

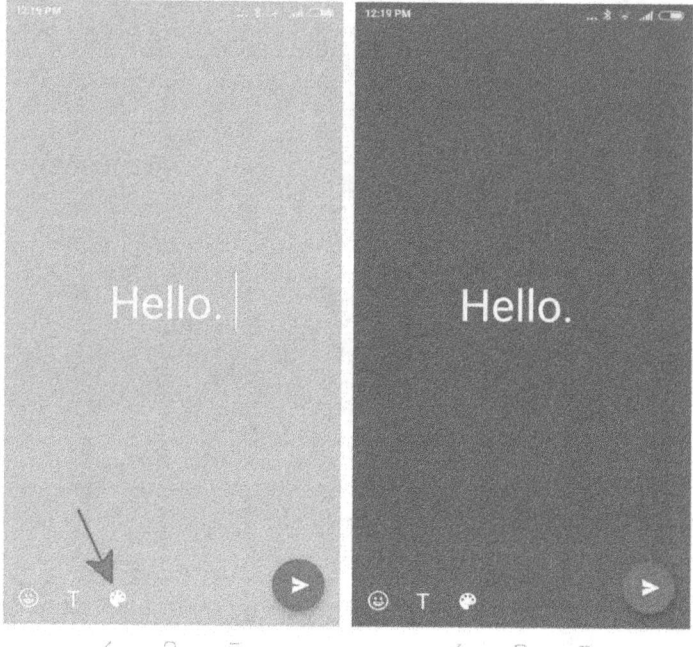

Depois de definir seu status do WhatsApp, você pode ver quem viu seu status clicando no ícone de olho, conforme mostrado abaixo.

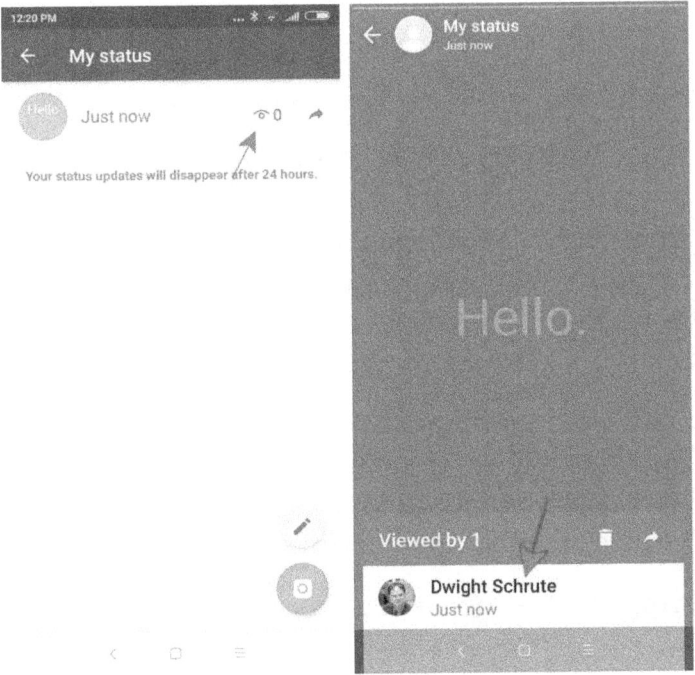

Agora tudo o que resta é você trazer o seu Picasso interior e colocar sua criatividade interior para usar!

OPÇÕES DE PRIVACIDADE

Minha atualização de status é compartilhada com TODOS os meus contatos?!! Não quero que meu chefe/tia intrometida/ colega de trabalho estranho veja meu status!! Há algo que eu possa fazer?

Sim, seu status é compartilhado com todos os seus contatos por padrão, mas não se preocupe, podemos mudar isso se você quiser. Vamos ver como isso é feito para que seu chefe não saiba o que você está fazendo nos seus dias de "doença"

O WhatsApp tem três opções de privacidade para atualizações de status:

1. Você pode compartilhar seu status com todos os seus contatos
2. Você pode compartilhar seu status com todos os seus contatos, exceto alguns contatos selecionados
3. Você pode compartilhar seu status apenas com os contatos que selecionar

Clique em Meus contatos, exceto e selecione todos os contatos com os quais você não deseja compartilhar seu status. Clique em Compartilhar apenas com e selecione todos os contatos com os quais deseja compartilhar seu status.

Iphone:

Para alterar a privacidade da atualização de status no seu iPhone, clique no ícone de configurações no canto inferior direito da tela.

Na tela de configurações, selecione a opção "Conta" e a opção "Privacidade" na tela "Conta". Aqui, clique em "Status" para acessar as opções de privacidade de atualização de status.

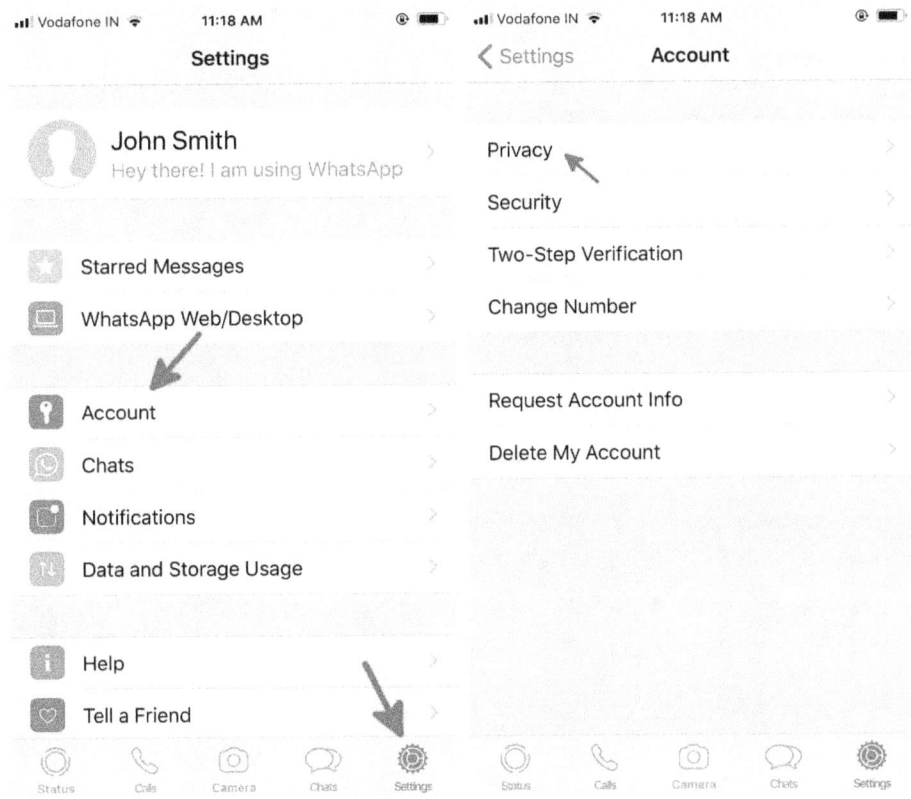

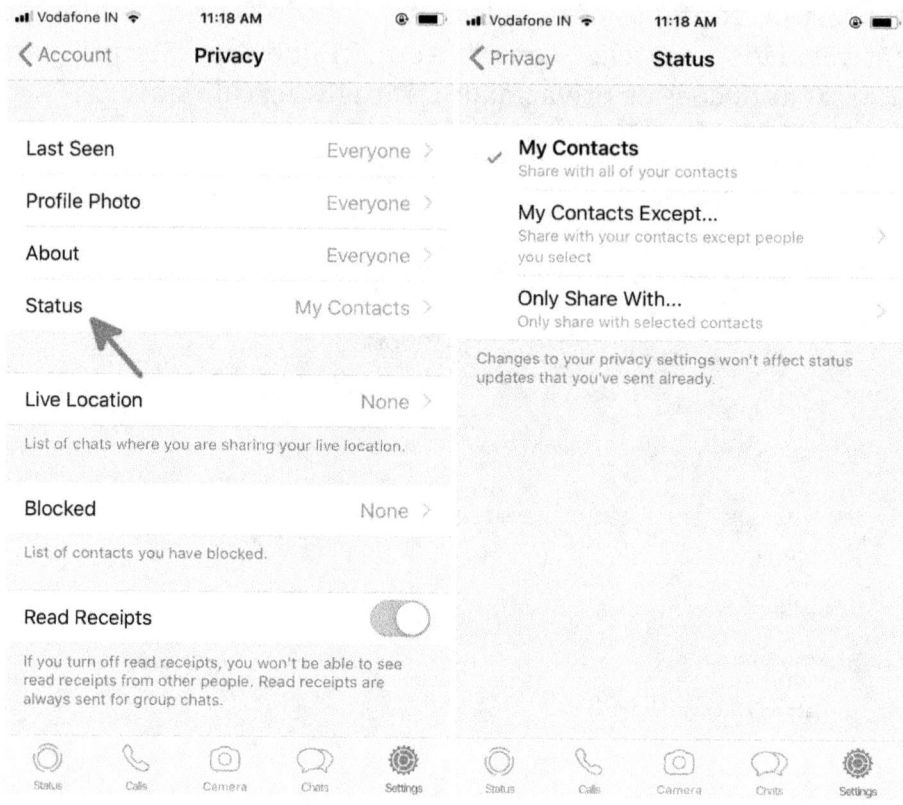

Android:

Para alterar sua privacidade de atualização de status em seu smartphone Android, você precisa ir para a tela de status e clicar no botão de 3 pontos no canto superior direito e selecionar a opção Privacidade de status.

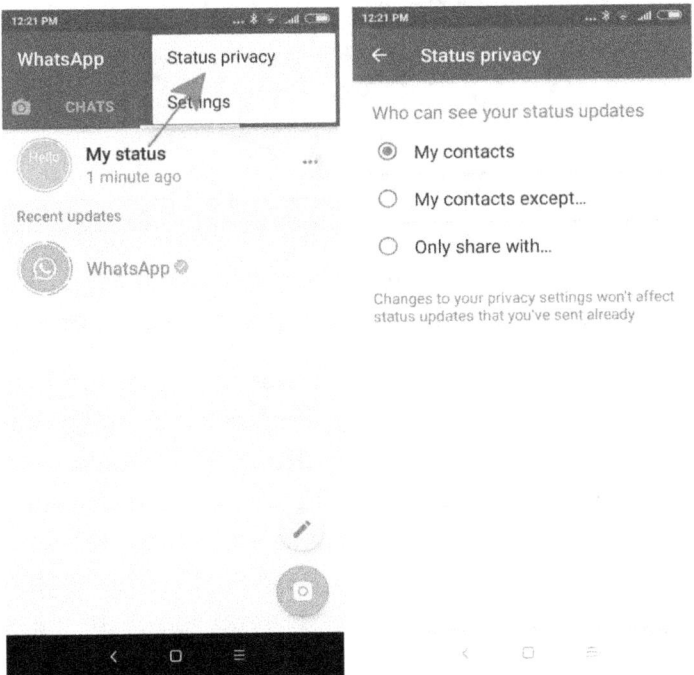

SILENCIAR ATUALIZAÇÕES DE STATUS

Ufa! Meu chefe não pode ver minhas atualizações de status. Agora, existe uma maneira de ignorar as atualizações de status do meu chefe? Acho que já passo bastante tempo com ele/ela!

Sim!! Definitivamente, existe uma maneira de impedir que você veja as atualizações de status do seu chefe e é muito simples de fazer também. No seu telefone Android, você precisa pressionar e segurar a atualização de status do contato que deseja silenciar. Isso lhe dará a opção de silenciar seu contato. No seu iPhone, você precisa deslizar para a esquerda no contato que deseja silenciar para revelar o botão de silenciar à direita e assim você não verá a atualização de status do seu chefe.

Agora, se seu chefe perguntar se você viu a atualização de status dele, prepare-se com uma boa desculpa!

COMO FAÇO PARA VER QUEM VIU MEU STATUS DO WHATSAPP?

Ok, agora que selecionei com quem todo o meu status será compartilhado, existe alguma maneira de saber quem realmente visualizou meu status?

Depois de postar sua atualização de status, você pode ver o status que você postou na guia Status. Seu status está localizado no topo desta página. Ao lado disso, você pode ver o número de pessoas que visualizaram o status e, clicando nele, poderá descobrir as pessoas que visualizaram o seu status.

Você pode descobrir quem ama suas fotos de comida e conversar com eles sobre seu amor mútuo por comida!

WHATSAPP WEB

Seu telefone pode ser muito perturbador às vezes. Você recebe uma mensagem do WhatsApp e, em seguida, percebe que assistiu a 2 horas de vídeos de gatos no YouTube. Agora com o WhatsApp Web você pode conversar no WhatsApp e ainda manter sua produtividade no trabalho!

O WhatsApp Web é muito simples de instalar. Tudo o que você precisa é de um computador, uma conexão com a Internet e um navegador de Internet como Chrome, Firefox, Safari, Edge ou Internet Explorer.

Acesse o endereço web web.whatsapp.com no navegador de internet do seu computador.

No seu iPhone, vá para a guia de configurações no canto inferior direito da tela e clique no botão WhatsApp Web. No seu smartphone Android, clique no menu de 3 botões e clique no botão WhatsApp Web.

Isso o levará a uma tela com a câmera ativada. Para ativar o WhatsApp Web, você deve digitalizar o código QR exibido na tela do computador a partir da tela da câmera do telefone. Isso emparelha o WhatsApp do smartphone com o WhatsApp do computador.

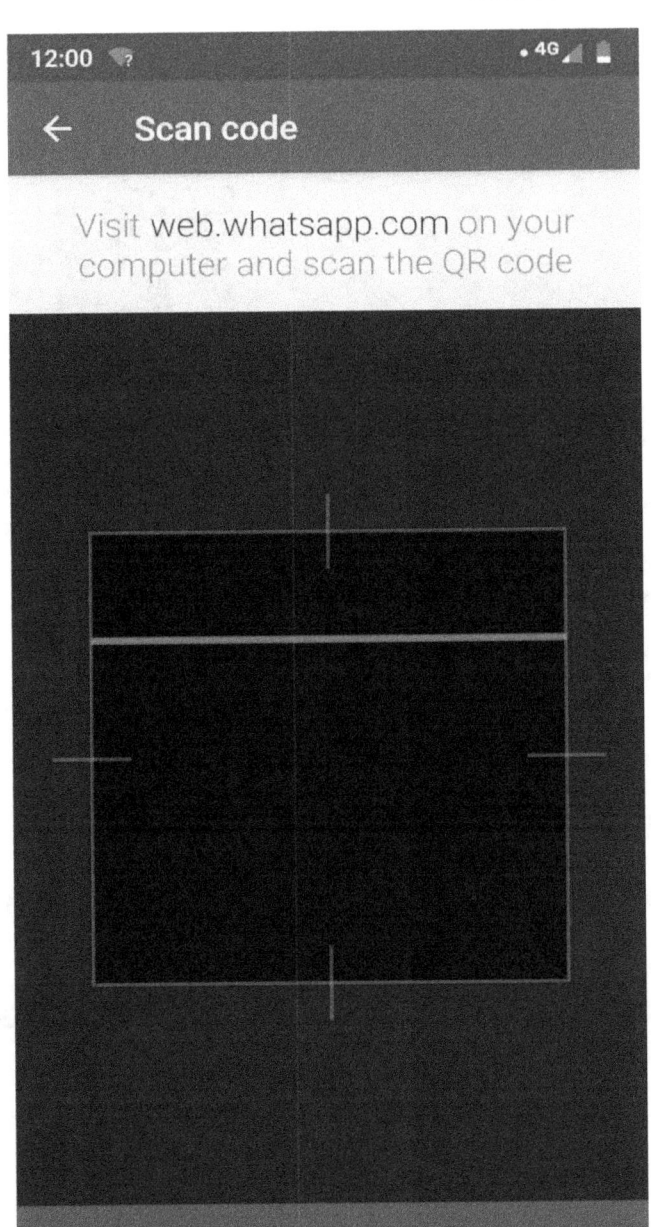

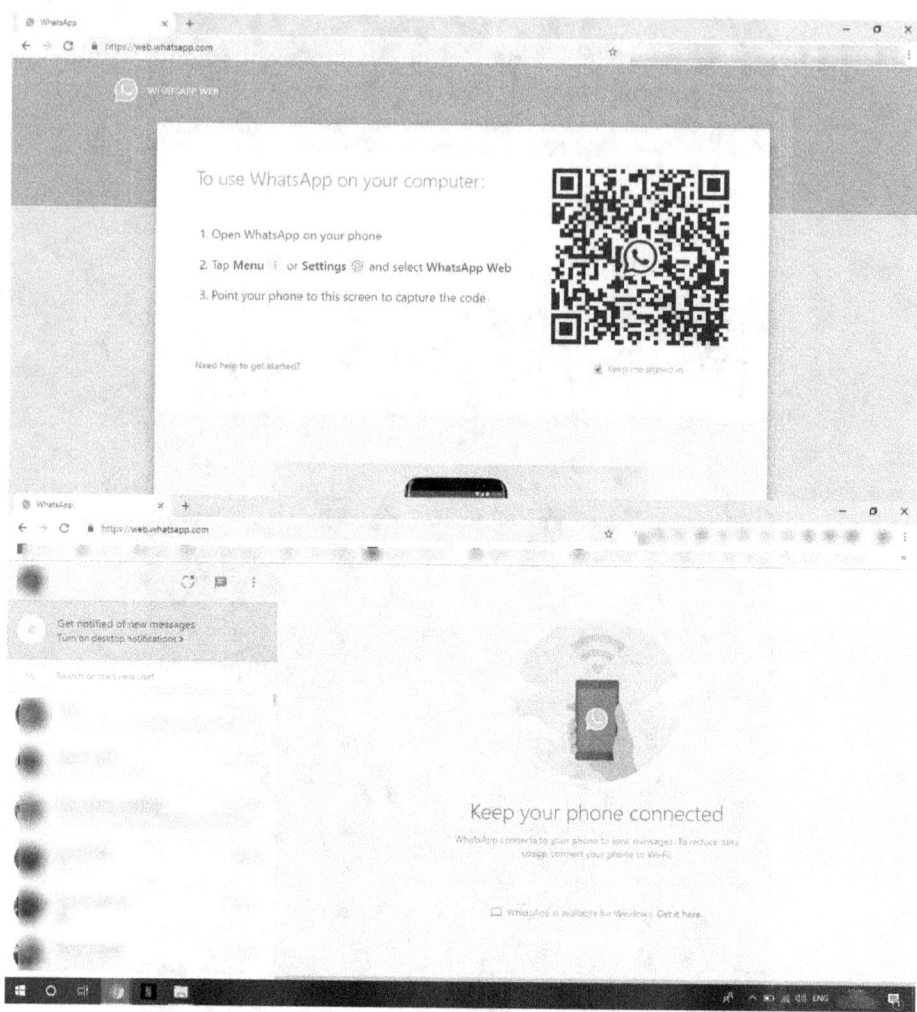

Depois de emparelhado, o WhatsApp Web será ativado e você poderá conversar no WhatsApp, ver as atualizações de status e compartilhar fotos, vídeos e documentos como faria no seu telefone. Você precisa garantir que seu telefone tenha bateria suficiente e uma conexão com a Internet para que o WhatsApp Web funcione.

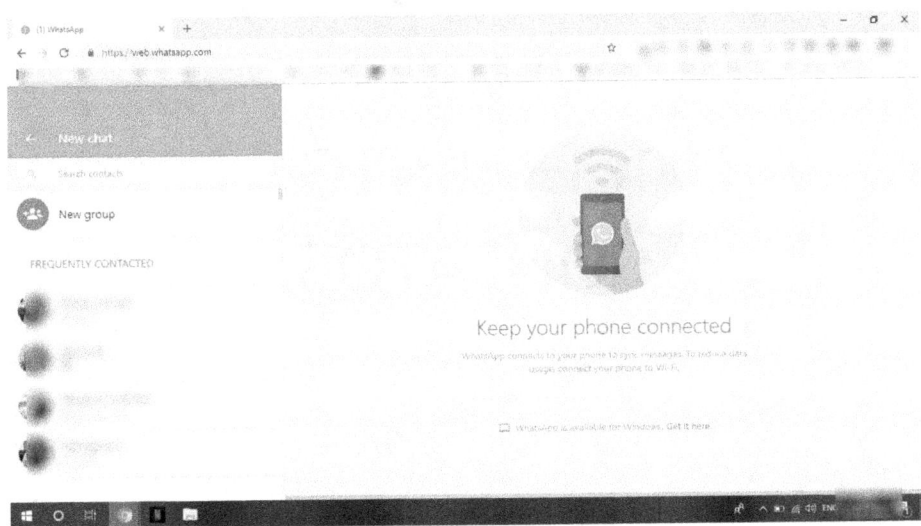

ENVIE FOTOS, VÍDEOS, DOCUMENTOS E CONTATOS:

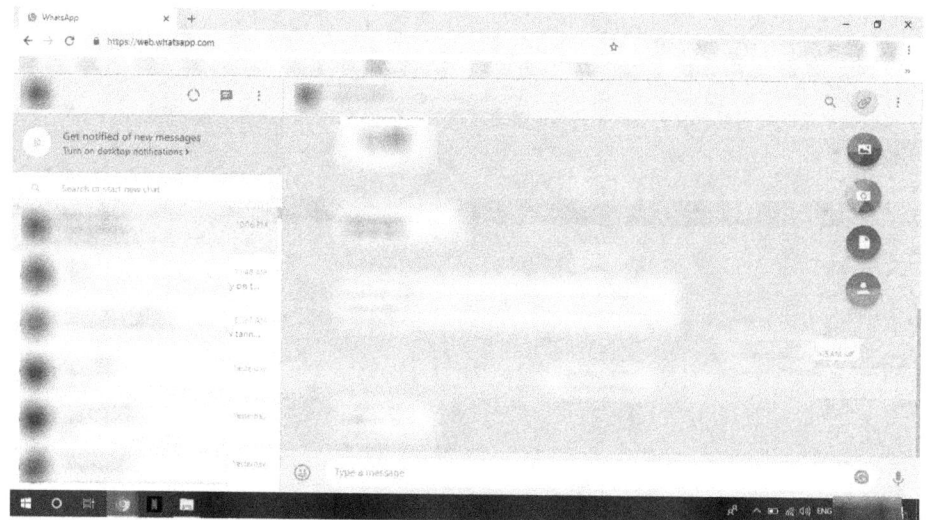

USE EMOJIS, GIFS E STICKERS:

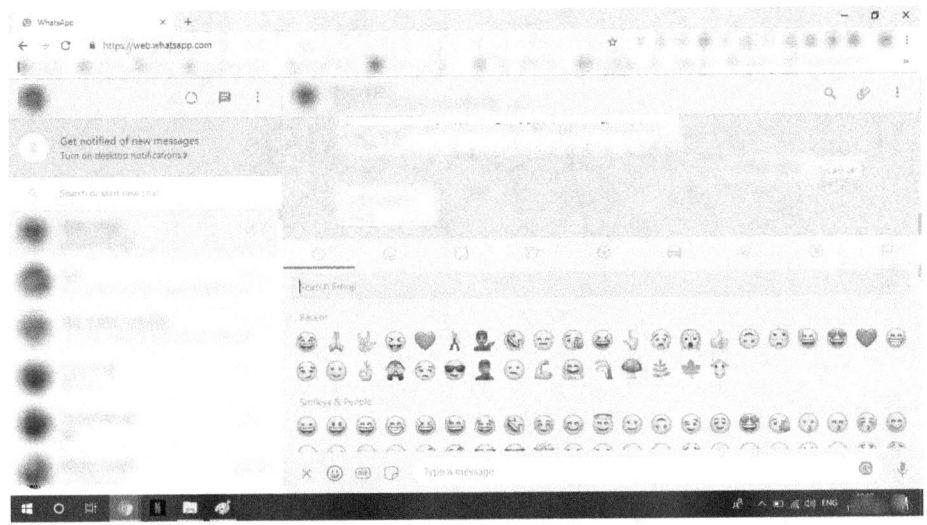

RESPONDER, ENCAMINHAR, ESTRELAR E EXCLUIR MENSAGENS:

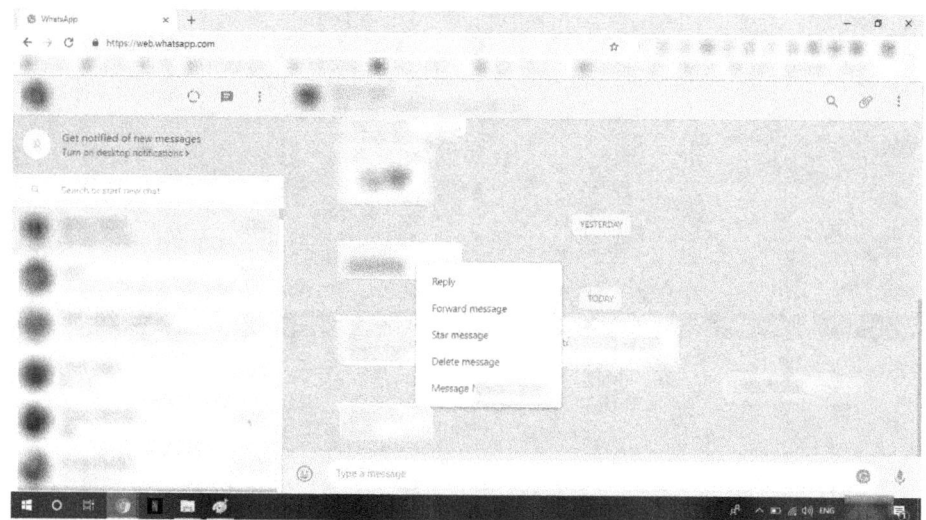

PESQUISAR POR MENSAGENS:

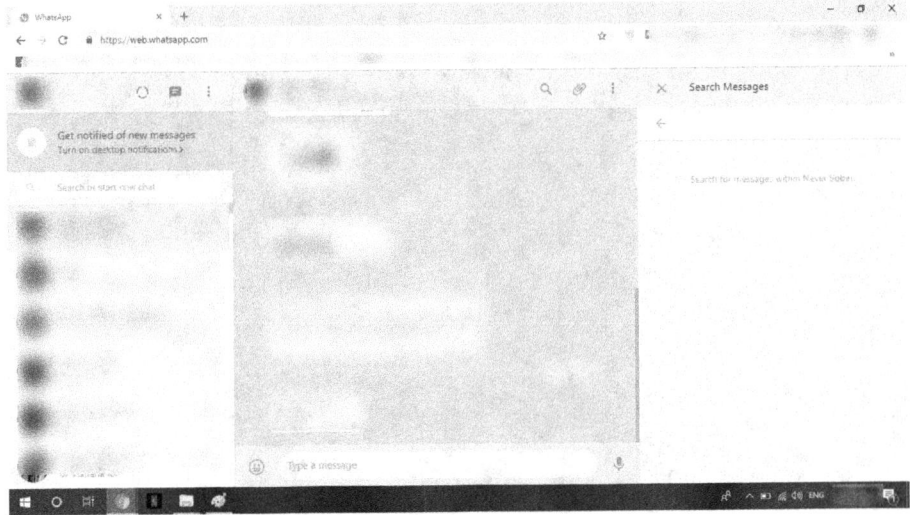

ATUALIZAÇÕES
DE STATUS:

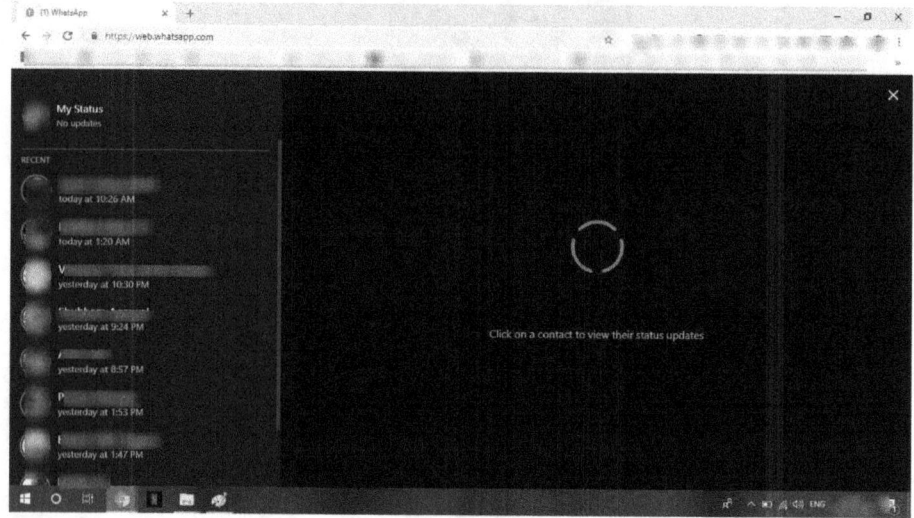

ALTERAR CONFIGURAÇÕES DE NOTIFICAÇÃO:

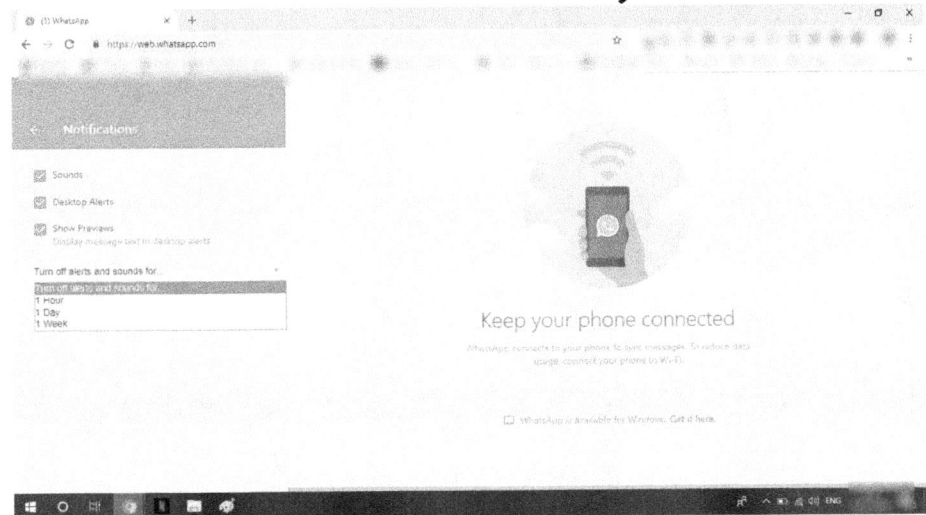

CONTATOS BLOQUEADOS:

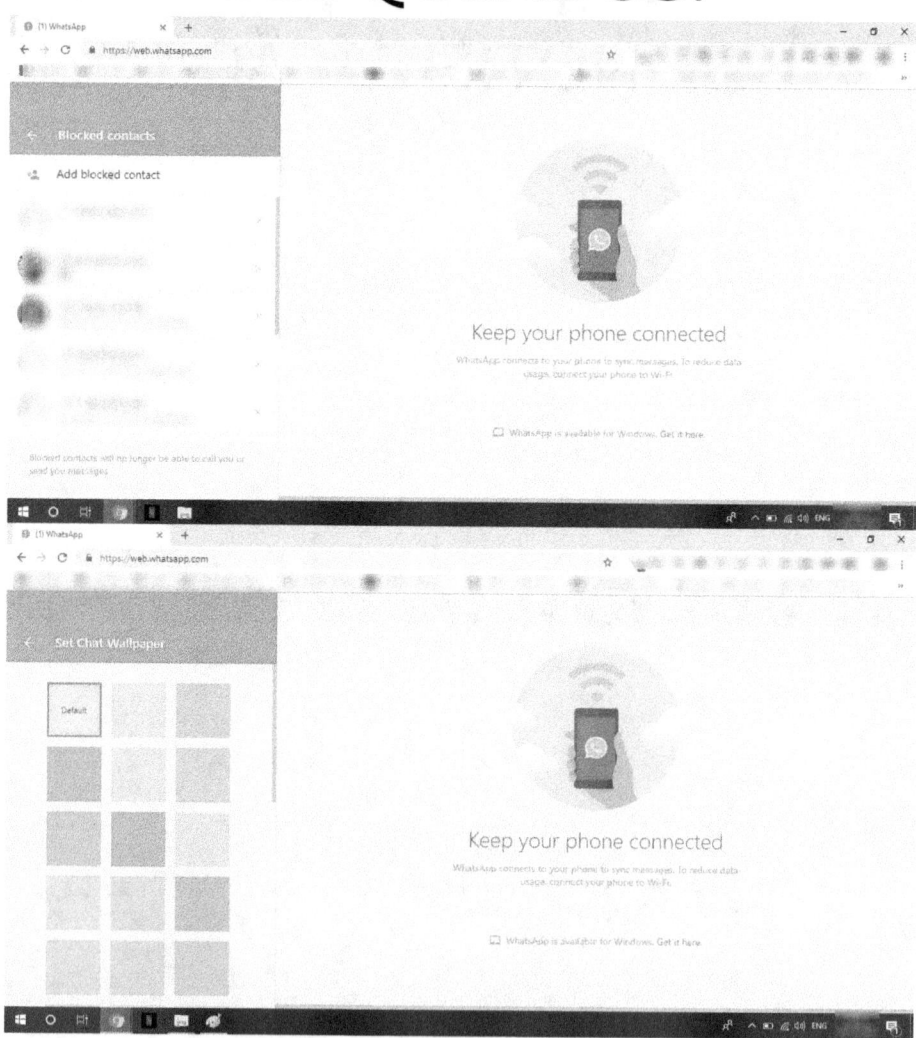

Para sair do WhatsApp Web, você precisa voltar ao menu do WhatsApp Web em seu telefone e selecionar o dispositivo do qual deseja sair ou selecionar "Sair de todos os dispositivos"

Parabéns!! Você é oficialmente um mestre do WhatsApp Messenger!! Não pense que você é um mestre? Não se preocupe, você sempre tem este livro para voltar e aprender 😁 😁